1回で合格!

品質管理検定

QC検定
Quality Control

テキスト&問題集 2級

成美堂出版

はじめに

徹底的に「合格」にこだわり、一発合格を目ざそう！

　本書は、一般財団法人日本規格協会および一般財団法人日本科学技術連盟が主催するＱＣ検定（品質管理検定）の２級試験に「一発で合格する」ためのテキスト＆問題集です。２級試験範囲である「品質管理の手法」と「品質管理の実践」を扱っています。

　2014年に発売してご好評をいただき、このたび、第20回試験から適用の新レベル表（Ver.20150130.1）に対応した改訂版を出版することになりました。

　このＱＣ検定試験の合格基準は、各分野の正解率概ね50％以上、合わせて概ね70％と発表されています。社会人の勉強は、「徹底的に合格にこだわること」が大切です。ＱＣ検定試験に受験する方は、完璧を目ざさず、70点＋αで合格する気持ちを持つことが大事です。

合格の基準は「正解率70％」

　2014年の９月に実施されたＱＣ検定２級試験の合格率は、過去最低の数値となりました。下記の数値は、2012年からの２級合格率の推移です。

　2012年は３月が38.48％、９月が40.57％。2013年は３月が40.93％、９月が37.22％。2014年は３月が29.86％、９月が24.99％。2015年は３月が25.09％、新レベル表が適用された９月が26.79％でした。

　2014年９月の２級合格率は24.99％と過去最低の合格率となりましたが、その出題問題を確認すると、難易度はそれほど高くはなく、基本知識だけで十分対応可能なレベルであったと思います。それにもかかわらず合格率が低下したということは、つまり、限りなく合格基準を正解率70％に近づけてきた（基準を上げてきた）ものと思われます。

● 本書は、第20回試験から適用の品質管理検定レベル表 (ver.20150130.1) に対応しています。

「完璧」にはこだわらず、「合格」にこだわろう

　社会人であるみなさんは、ただでさえ、時間をなかなかとれない中で勉強に励んでいらっしゃることと思います。そこへ、合格率が低くなったからといっても、ただむやみに高得点を目ざして勉強するのは、時間的にムリがあり、また、効率的ではありません。限られた勉強時間内での合格にこだわってください。ここでいう「効率的」とは「完璧を目ざさずに、合格基準ぎりぎりでも一発合格すること」を指しています。主催者である日本規格協会は本人の同意のもと、そのホームページに「成績上位合格者」の名前を掲示しますが、ゆめゆめ、そのような「成績上位合格者」になろうという欲を出さないことです(社会人の中で時間に余裕のある方や学生さんはその限りではありません)。

「完璧主義」の弊害とは

　勉強をしていると、どうしても途中で解らない箇所などに遭遇するものです。そういうときに完璧を目ざしていると、次のような弊害が出てきます。

- 100%理解しようとすると、理解できない箇所が出てきた場合に嫌気が差して、途中で勉強をやめることにつながる
- 理解できない箇所が出てくると、そこに多くの時間を費やしてしまうことがある

　不合格者の中には、どこかの箇所でつまずいて、時間を費やしてしまった結果、出題範囲の最後まで勉強できなかった、という方が多くおられます。わからない箇所が出てきてつまずいた場合は、そこを飛ばしてしまいましょう。飛ばした部分も、全体を俯瞰することによって、再度読み返したときに理解できるようになることもあるものです(学生時代、みなさんにもそういった経験があったと思います)。

　繰り返しますが、本書は、完璧を目ざさず、合格にこだわった勉強を推進しています。徹底的にドライに取り組みましょう。細部にとらわれてしまうと全体が見えなくなって、やる気も失せがちになります。満点でも、ギリギリの点数でも、合格すれば、資格としては同じことなのです。

はじめに

合格するためのポイントは

　勉強していて途中でわからない箇所が出てきても、わからないところに深入りしないで、最初から最後まで「一気通貫」でやることをおすすめします。まずは、2級の試験範囲全体を俯瞰する(高所から眺める)ことが大事です。

　たとえば、試験範囲の1つである「検定」の科目で行き詰まったとします。これを理解しようとしてもなかなかそう簡単には前に進まないものです。そんなときは、「相関分析・回帰分析」や「サンプリングと検査」などの違った科目を勉強することをおすすめします。何故なら、この試験は全体で概ね70%取れれば合格基準を満たすからです。他のわかる科目を増やして、そこで得点を補えばいいのです。また、わからないところも、繰り返しやれば、後で理解できてくるものです。

　最も重要なことは、最後まであきらめず、始めた勉強をやめないこと。それこそが「合格への王道」です。

　また、私たちは、小学校のときに学んだ勉強方法が身についているかと思います。それは、教科書をベースに、先生の説明を聞いたうえで、練習問題を繰り返し解いてみて、わからないところは先生に聞く、というものでした。これが私たちの身に染みついた「勉強の王道」ではないでしょうか。

　このような観点から、本書は、テキスト(教科書)と練習問題の2部構成となっていますので、すんなりと勉強に入れると思います。

なぜ、このテストを受けるのか

　子どもの頃、「テストで100点取ったらおこづかいをあげる」などと親に言われたことがある方も多いと思います。そう言われた記憶がない方でも、「テストは満点を目ざして頑張るもの」という刷り込みは誰にでも少なからずあるのではないでしょうか。

　ただし、テストの結果が成績表に直結した子どもの頃ならともかく、大人になってから取り組むテストでは、必ずしも満点を目ざす必要はない、と私は考えています。それはなぜでしょうか。

みなさんは今、「ＱＣ検定２級」を受検しようとしています。ここで、

- なぜ、このＱＣ検定２級の資格を取りたいのか？
- この資格を取ったら、どんなメリットがあるのか？
- 不合格となった場合には、どんなデメリットがあるのか？

について、今一度確認してみてください。そうすれば、この資格の取得にあたっての勉強は、「合格に徹すること」こそが大事だとわかるはずです。

本書を使った「合格への勉強法」

　本書は、主催者から発表されている、ＱＣ検定２級の試験範囲を忠実にカバーしています。したがって、本書に掲載した問題のうち、70％（安全をとって＋α。また、各分野概ね50％以上）を正解することができれば、本番のテストにも合格できます。

　また、巻末11章の「模擬試験」を除く計10章のうち、比較的点数をとりやすい「品質管理の実践分野」は10章にまとめ、残りの１〜９章を「品質管理の手法」に割いています。これは、不合格者の多くが「品質管理の手法分野」、いわゆる計算問題で得点できなかったことがわかっているからです。

　限られた時間の中で合格するためには「どの項目で点数を取りこぼさない」「何を捨てるのか」など、いわゆる「戦略」を立てて勉強することが合格のカギとなります。

　最初から満点を目ざすと、肝心なところで理解が足りなくなったり、また、わからない箇所で多くの時間を費やしてしまいます。さらに、わからないことに嫌気がさして、勉強を途中でやめてしまう可能性が高くなります。

　さあ、モチベーションがはっきりとしたあなた！　いずれにしても、試験勉強は継続することが大事です。本書を活用して、一発で２級試験に合格してください。

ＱＣ検定１級合格者　高山　均

※受検に関する最新情報は変更される可能性があるので、（一財）日本規格協会のホームページで必ずご確認ください。アドレス：http://www.jsa.or.jp/

目次

『1回で合格！ QC検定2級 テキスト＆問題集』

はじめに **2**

本書の特徴と使い方 **12**

1章　基本統計量

1. 統計とデータ **14**

2. データの種類 **15**

（1）計量値　（2）計数値

（3）計量値と計数値が組み合わさっているデータの判定　（4）言語データ

3. 母集団とサンプル **16**

4. 母数と統計量 **16**

5. 統計量の求め方 **17**

（1）平均値（$\bar{x}$）　（2）メディアン（$\tilde{x}$）　（3）モード

（4）平均値、メディアン、モードの関係　（5）範囲（R）　（6）平方和（S）

（7）不偏分散、標本分散（V）　（8）標準偏差（s）　（9）変動係数

6. 工程能力指数 **23**

（1）両側規格の場合　（2）片側規格の場合　（3）工程能力指数の判断基準

チェック問題　【問1】～【問10】 **26**

2章　確率分布

1. 確率と確率分布 **30**

2. 確率分布の種類 **31**

（1）正規分布　（2）二項分布　（3）ポアソン分布

3. 期待値／分散の基本性質 **33**

4. 統計量の分布 **35**

（1）平均値の分布　（2）t分布　（3）X^2（カイの2乗）分布　（4）F分布

チェック問題　【問1】～【問8】 **38**

3章　検定・推定

1．検定の考え方 44
2．検定における誤り 46
3．棄却域と棄却限界値 46
4．両側検定と片側検定 48
5．平均値に関する検定 49
6．分散に関する検定 53
　（1）母分散が変化したかどうかについての検定
　（2）2つの母分散の違いについての検定
7．推定 56
　（1）母平均の推定　（2）母分散の推定
8．計数値データに基づく検定・推定 60
　（1）計数値の検定　（2）計数値の検定・推定の種類
　（2）a．不適合品率に関する検定と推定
　（2）b．不適合品数に関する検定と推定　（2）c．分割表による検定
チェック問題　【問1】〜【問10】 73

4章　相関分析・回帰分析

1-1．相関分析 88
　（1）正の相関　（2）負の相関　（3）相関がない
1-2．相関係数 89
　（1）相関係数とは　（2）相関係数 r の求め方　（3）寄与率
1-3．グラフによる相関の検定 93
　（1）大波の相関の検定方法　（2）小波の相関の検定方法
チェック問題　【問1】〜【問6】 96
2-1．回帰分析 99
2-2．単回帰分析の考え方 99
　（1）回帰に関するデータの構造模型　（2）最小二乗法　（3）変動の分解
2-3．単回帰分析（分散分析）の手順 102
2-4．残差の検討 106
チェック問題　【問1】〜【問5】 107

7

目次

5章　実験計画法

1．**実験計画法とは** **116**

2．**フィッシャーの三原則とは** **116**
　（1）反復の原則：観測誤差の評価
　（2）無作為の原則：系統誤差の偶然誤差への転化　（3）局所管理の原則

3．**因子の種類** **117**
　（1）制御因子　（2）標示因子　（3）誤差因子

4．**代表的な実験計画の型** **118**
　（1）一元配置　（2）二元配置　（3）多元配置

5．**分散分析法の考え方** **120**
　（1）一元配置法の分散分析　（2）繰り返しのない二元配置法の分散分析
　（3）繰り返しのある二元配置法の分散分析

6．**一元配置実験での分散分析表の作り方(繰り返しの数が同じ場合)** **123**
　（1）分散分析　（2）推定

7．**一元配置実験での分散分析表の作り方(繰り返しの数が異なる場合)** **127**
　（1）分散分析　（2）推定

8．**二元配置実験での分散分析表の作り方(繰り返しがない場合)** **131**
　（1）分散分析　（2）推定

9．**二元配置実験での分散分析表の作り方(繰り返しがある場合)** **135**
　（1）分散分析　（2）推定

チェック問題　【問1】～【問3】 **139**

6章　サンプリングと検査

1．**サンプリング** **150**
　（1）単純ランダムサンプリング　（2）層別サンプリング　（3）集落サンプリング
　（4）系統サンプリング　（5）2段サンプリング　（6）有意サンプリング

2．**検査の種類** **153**
　（1）受け入れ検査・購入検査　（2）工程間検査(中間検査)
　（3）最終検査・出荷検査

3．**検査の方法** **153**
　（1）全数検査　（2）無試験検査・間接検査　（3）抜き取り検査

4．抜き取り検査 **155**
　（1）OC曲線（検査特性曲線）
5．計数規準型抜き取り検査 **156**
6．調整型抜き取り検査 **157**
チェック問題　【問1】～【問3】 **159**

7章　管理図

1．管理図とは **166**
2．管理図の種類 **166**
　（1）$\bar{x}$－R管理図　（2）$\tilde{x}$－R管理図　（3）x－R_S管理図
　（4）pn管理図　（5）p管理図　（6）c管理図　（7）u管理図
3．管理図の用語について **168**
4．管理図の作り方 **169**
　（1）$\bar{x}$－R管理図　（2）$\tilde{x}$－R管理図　（3）x－R_S管理図
　（4）pn管理図　（5）p管理図　（6）c管理図　（7）u管理図
5．管理図の見方 **174**
　（1）第一種の誤り（あわてものの誤りともいい、αで表す）
　（2）第二種の誤り（ぼんやりものの誤りともいい、βで表す）
6．工程が異常状態と判定するためのルール **176**
チェック問題　【問1】～【問6】 **178**

8章　信頼性工学

1．バスタブ曲線の見方 **188**
　（1）期間Ⅰ：初期故障期　（2）期間Ⅱ：偶発故障期
　（3）期間Ⅲ：摩耗故障期
2．耐久性 **189**
　（1）平均故障寿命（MTTF）　（2）平均故障間隔（MTBF）
3．信頼度（R：Reliability）の求め方 **191**
　（1）直列システムの信頼度計算　（2）並列システムの信頼度計算
4．保全性 **192**
　（1）保全性の性質　（2）アベイラビリティ（Availability）

目次

5. 設計信頼性 **193**
　（1）フェール・セーフ(Fail Safe)　（2）フール・プルーフ(Fool Proof)

6. FMEAとFTA **193**
　（1）FMEA　（2）FTA　（3）信頼性ブロック図とFT図の関係

7. 信頼性データのまとめ方と解析
　（1）信頼性データのまとめ方　（2）信頼性データの解析

チェック問題　【問1】～【問4】 **198**

9章　QC7つ道具

1. パレート図 **202**
　（1）パレート図とは　（2）見方と使い方

2. ヒストグラム **203**
　（1）ヒストグラムとは　（2）ヒストグラムで使う用語
　（3）ヒストグラムの作成法　（4）ヒストグラムの見方

3. 親和図法 **209**

4. 連関図法 **210**

5. 系統図法 **211**

6. マトリックス図法 **212**

7. アローダイヤグラム法 **213**

8. PDPC法 **214**

9. マトリックス・データ解析法 **214**

チェック問題　【問1】～【問2】 **215**

10章　品質管理の実践分野

1. 品質管理の基本 **220**
　（1）品質管理の基本的な考え方　（2）TQM
　（3）品質マネジメントシステム　（4）品質マネジメントシステムの要求事項

2. 管理と改善の進め方 **224**
　（1）方針管理　（2）日常管理の進め方
　（3）小集団活動(QCサークル活動)の進め方

3．品質の概念　　229
（1）顧客の立場からの品質要素　（2）4つの観点からの品質

4．品質保証　　231
（1）品質保証の進展　（2）品質保証体系　（3）品質機能展開

5．課題達成型QCストーリーの進め方　　232

6．検査および試験　　234
（1）計測の管理　（2）官能検査　（3）測定誤差の種類

7．標準化　　236
（1）標準化の定義　（2）社内標準化　（3）工業標準化　（4）国際標準化活動

チェック問題　【問1】～【問16】　　240

11章　模擬試験

【問1】～【問15】　　254

模擬試験　解答　　272

解答記入欄　　288

巻末付表

付表1．正規分布表　　290

付表2．t表　　291

付表3．X^2（カイの2乗）表　　292

付表4．F表①（$\alpha＝0.01$と$\alpha＝0.05$のときのF分布）　　294

付表5．F表②（$\alpha＝0.025$のときのF分布）　　296

付表6．計数規準型1回抜き取り検査表　　298

付表7．抜き取り検査設計補助表　　300

付表8．サンプル（サイズ）文字　　301

付表9．なみ検査の1回抜き取り検査（主抜き取り表）　　302

付表10．きつい検査の1回抜き取り検査（主抜き取り表）　　304

付表11．ゆるい検査の1回抜き取り検査（主抜き取り表）　　306

付表12．なみ検査の2回抜き取り検査（主抜き取り表）　　308

引用・参考文献一覧　　310

※本書の情報は、原則として2015年10月30日現在のものです。

本書の特徴と使い方

QC検定2級の一発合格を目ざして、効率よく学習を進めましょう。

●1〜9章

これらの章では、不合格者の多くが点を取りこぼしている「品質管理の手法分野」、主にいわゆる計算問題を扱っています。3級合格者にとってはおさらいとなる科目もありますが、わからない箇所・苦手な箇所はまず飛ばして、わかる科目・得意な科目を増やしていきましょう。章末の「チェック問題」で、その科目への理解度をチェックすることができます。

●10章

この章では、比較的得点しやすい「品質管理の実践分野」を扱っています。出題範囲が広いので、過去に出題された問題を踏まえて解説していきます。

●11章

模擬試験です。過去に出題された中から頻出問題を選んでいます。70(+α)％の正解率で本番のテストにも合格できます。1〜10章のチェック問題も含め、解けなかった問題・自信のない問題に戻って、勉強し直してみましょう。

[1〜10章の構成]

前半：テキスト

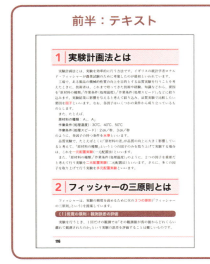

後半：チェック問題

※本書は2級受検者用のテキスト＆問題集で、3級合格を前提としているため、数学的な説明は多少省略しています。合格へのより近道なテキスト＆問題集として活用してください。

本書は赤シート付きです。本編の「重要語句」やチェック問題の「正解」、11章 模擬試験の「正解・解説」を隠しながら、効率よく勉強を進めることができます。

※受検に関する最新情報は、(一財)日本規格協会のホームページで必ずご確認ください。

1章
基本統計量

この章は、3級で習得すべき基本的な統計量
の知識について復習するものです。QC検定
センターが公表している"品質管理検定レベ
ル表"では「2級の試験範囲には3級の範囲を
含む」と記載されています。

※QC検定試験では、割り算などで端数が出る場合は概数(お
よその数値)処理でかまいません。理由は、選択肢から最
も近い値を選ぶ試験だからです。

1 | 統計とデータ

　品質管理では、単にこれまでの経験や勘だけでなく、客観的な事実をデータで取り、そのデータを整理して、次のアクションに結び付けていくことを、重視しています。

　データを整理・分析して有効な情報を得る方法を、統計的方法と呼んでいます。

　たとえば、{ 1 , 2 , 3 , 4 , 5 }の5つのデータがあるとします。この「データ」を基にして計算することにより、平均という「統計」が得られます。つまり、「データ」は「統計」を計算するための基になるものです。

　統計を取る目的には、得られたデータから、「集団」の「傾向・性質」を「数量的」に明らかにすることが挙げられます。

「統計」とは

広辞苑では、
「集団における個々の要素の分布を調べ、その集団の傾向・性質などを数量的に統一的に明らかにすること。また、その結果として得られた数値。」
と記載されています。
また、大辞林では、
「集団現象を数量的に把握すること。一定集団について、調査すべき事項を定め、その集団の性質・傾向を数量的に表すこと。」
と記載されています。

2 データの種類

品質管理で扱うデータには、**数値**データと**言語**データがあり、**数値**データは「**計量**値」と「**計数**値」に分けられます。

図1.1 データの分類

（1）計量値

量の単位があり、連続量として測定できる値です。
[例]長さ、重さ、強度、時間、圧力など

（2）計数値

個数を数えて得られる値です。
[例]不良品の数、機械の台数、人の数など

（3）計量値と計数値が組み合わさっているデータの判定

計量値と計数値が組み合わさっているデータの判定は、
除算の場合：分子が計量値ならば計量値、分子が計数値ならば計数値
乗算の場合：計量値と計数値の積で表されるデータは計量値
として扱います。

（4）言語データ

数値化しにくい、「大きい、小さい」「強い、弱い」などの言語で表されたデータのことで、**定性**データともいいます。

3 母集団とサンプル

　データを取る目的は、取ったデータそのものの状態を知るためでなく、そのデータが属していた集団、すなわち「**母集団**（工程、ロット※）」の状態をデータから推測し、工程またはロットに対して処置をとるためです。
※ロット：同じ種類の製品を生産の単位としてまとめた数量のこと。

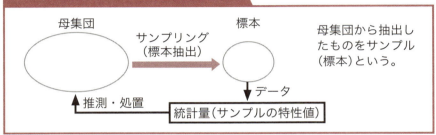

図1.2　母集団とサンプルの関係

4 母数と統計量

　母数は、母集団の分布を特徴づける値です。母集団の分布の平均値は**母平均**といい、μ（ミュー）で表します。また、母集団の分布の**母標準偏差**はσ（シグマ）といいます。標準偏差とは、データの散らばりの度合いを示す値です。
　統計量はサンプルから求めた値で、**平均値**は$\bar{x}$（xバー）、**標準偏差**はs（エス）と表されます。

表1.1　母集団とサンプルの関係

	母集団（母数）	サンプル（統計量）
平　均	母平均 μ	平均値 $\bar{x}$
ばらつき		平方和 S
	母分散 σ^2	不偏分散 V
	母標準偏差 σ	標準偏差 s

5 | 統計量の求め方

（1）平均値（$\bar{x}$）

　個々のデータを全部足して合計を求め、その合計をデータの個数で割れば、平均値が求められます。

$$\text{平均値} = \frac{\text{データの合計}}{\text{データの個数}} = \frac{x_1 + x_2 + x_3 + \cdots\cdots + x_n}{n} = \frac{\sum\limits_{i=1}^{n} x_i}{n}$$

ここでは、

x_1、x_2、x_3、……、x_n は各測定値を表し、n は測定の個数を表します。

　Σはギリシャ文字（σの大文字）で「シグマ」と読み、「合計」を意味します。そこで、「合計」を表す頭文字として、このΣが使われます。英語で言えば「sum」です。英語のアルファベットの「S」（s の大文字）に相当します。

[例]ある部品の長さ（㎜）5 個のデータ {5.1, 5.2, 5.5, 5.4, 5.2} の平均値を求めると、

$$\bar{x} = \frac{26.4}{5} = 5.28$$

　このように、平均値はデータ全体のほぼ中央の位置を示す数値です。しかし、平均値のデータが全体を正しく代表する数値かというと、必ずしもそうではない場合があります。その例を次の項で紹介します。

（2）メディアン（$\tilde{x}$）

　測定値を大きさの順に並べたときに、中央に位置する値をメディアン（＝中央値。メジアンともいう）といいます。$\tilde{x}$ で表して、「x ウェーブ」と読みます。

● 測定値の数が奇数個の場合………中央に位置する値

[例]{6, 7, 5, 4, 3} のメディアンは、$\tilde{x} = 5$

● 測定値の数が偶数個の場合………中央の 2 つの値の平均値

[例]{6, 7, 5, 4} のメディアンは、$\tilde{x} = \dfrac{5+6}{2} = 5.5$

ポイント

❶データを小さい値から並べて、データの個数が偶数か奇数かを確認する。

❷偶数ならば、中央の 2 つの値の平均値。

❸奇数ならば中央に位置する値。

●平均値と中央値

　2人以上で暮らす家庭の金融資産の平均値は、1209万円です（「家計の金融行動に関する世論調査」2015年より）。

　「うちはそんなに貯めていないよ」と驚かれた方がけっこういるはずです。実際、この調査に協力した世帯の多くは、この平均額よりも少ない貯蓄しかないと報告されています。

　ここでちょっと平均値の特徴について説明します。

　たとえば、11人の人がいるとします。うち10人が300万円、1人が3000万円を持っています。平均はいくらでしょうか。計算してみると、

　（10人×300万円）＋（1人×3000万円）＝**6000**万円

　6000万円÷11人＝**545**万円　よって、平均は**545**万円になります。

　この例のように、極端に大きい数字が混じると、平均値は高いほうに引っ張られてしまいます。実際には、11人のうち10人が平均値以下です。11人のうち10人が300万円なのですから、「300万円が普通」というのが一般的な感覚ではないでしょうか。

　こういう場合には、平均値よりも「**中央値**」に注目してみます。**中央値**とは、数字を小さい順に並べていったときに、真ん中にくる数字のことです。

　300万円の人が10人、3000万円の人が1人だと、ちょうど真ん中にくるのは6人目の300万円の人、**中央値**は300万円です。

　この考え方を実際に、上記で紹介した「金融資産の平均値は1209万円」にあてはめてみてみると、**中央値**は400万円になっていました。この額だと納得がいった方も多いと思います。

（3）モード

　データの中で「最も多く現われている値」を**モード**といいます。現れる頻度が最も高いということで「**最頻値**」ともいいます。また、度数分布表では、最も高い階級の値が**モード**となります。

　「平均値と中央値」で例に挙げた11人の金融資産について**モード**を求めると、「300万円が10人」が最も多いので、300万円が**モード**となります。

（4）平均値、メディアン、モードの関係

データの個数が多いとき、これらの代表値の関係には、おおよそ次のような大小関係があることが知られています。

図1.3 　左右対称なヒストグラム

①ヒストグラム(度数分布)がほぼ左右対称なとき

平均値≒メディアン≒モード

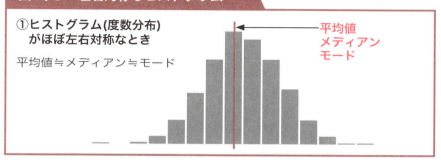

図1.4 　右に偏ったヒストグラム

②ヒストグラム(度数分布)が右のほうに偏っているとき

平均値＜メディアン＜モード

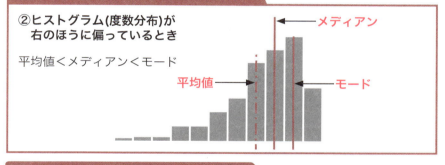

図1.5 　左に偏ったヒストグラム

③ヒストグラム(度数分布)が左のほうに偏っているとき

平均値＞メディアン＞モード

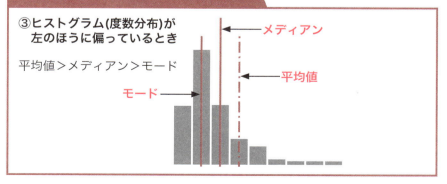

(実例)所得金額階級別にみた世帯数の相対度数分布(平成25年度)

　厚生労働省より発表されている、平成25年度の所得金額階級別・世帯数の相対度数分布をみると、左の方に偏っていることがわかります。

　ここで、平均値、メディアン、モードを見てみると、**平均値**は「平均所得金額」で537万2千円となっています。**メディアン(中央値)**は432万円であり、「200～300万円未満」が最も頻度が高い(13.3%)ので、その階級値である250万円が**モード**となります。

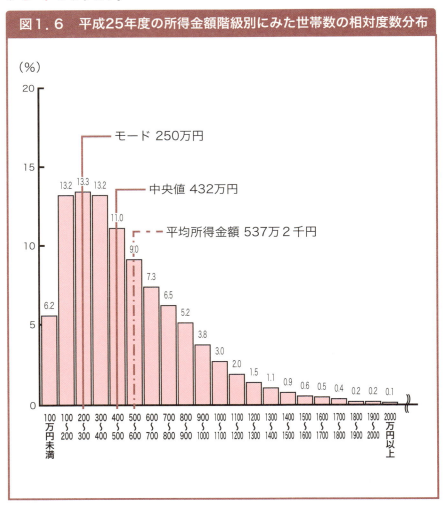

図1.6　平成25年度の所得金額階級別にみた世帯数の相対度数分布

（5）範囲（R）

一組の測定値の中の最大値と最小値との差を「**範囲**」といい、Rで表します。「**範囲**」なので、負の値にはなりません。

[例]｛6，7，5，4｝の範囲Rは、R＝7－4＝3

（6）平方和（S）

個々の測定値と平均値との差の2乗の和を「**平方和**」といい、大文字のSで表します。

平方和 $S = \Sigma(x_i - \bar{x})^2$

$$= (x_1{}^2 + x_2{}^2 + \cdots\cdots + x_n{}^2) - \frac{(x_1 + x_2 + \cdots\cdots + x_n)^2}{n}$$

$$= \Sigma x_i{}^2 - \frac{(\Sigma x_i)^2}{n} \qquad \text{※} \sum_{i=1}^{n} x_i \text{を「}\Sigma x_i\text{」と表しています（以下同）。}$$

この式が成り立つ「証明」は次の通りです。

$$S = \Sigma(x_i - \bar{x})^2$$
$$= \Sigma(x_i{}^2 - 2 \cdot x_i \cdot \bar{x} + \bar{x}^2)$$
$$= \Sigma x_i{}^2 - 2 \cdot \Sigma x_i \cdot \bar{x} + \Sigma \bar{x}^2$$
$$= \Sigma x_i{}^2 - 2 \cdot \Sigma x_i \cdot \left(\frac{\Sigma x_i}{n}\right) + n \cdot \left(\frac{\Sigma x_i}{n}\right)^2$$
$$= \Sigma x_i{}^2 - 2 \cdot \frac{(\Sigma x_i)^2}{n} + \frac{(\Sigma x_i)^2}{n} = \Sigma x_i{}^2 - \frac{(\Sigma x_i)^2}{n}$$

[例]｛1，2，3，4，5｝の平方和は、

$$S = (1 + 4 + 9 + 16 + 25) - \frac{(1 + 2 + 3 + 4 + 5) \times (1 + 2 + 3 + 4 + 5)}{5}$$

$$= 55 - \frac{15 \times 15}{5} = 55 - 45 = 10$$

右のような計算補助表を作成すると**平方和**の計算がミスなく簡単にできます。

表内の、赤色の数字だけで、

$$S = 55 - \frac{15 \times 15}{5} = 10$$

と求めることができます。

表1．2　計算補助表

	データ数					合計
x	1	2	3	4	5	15
x^2	1	4	9	16	25	55

（7）不偏分散、標本分散（V）

JIS*Z 8101では、**不偏分散（標本分散）**は、「各観測値の平均値からの偏差の二乗の和（平方和）を観測個数から1を引いた数（φ）で割ったばらつきの尺度」と定義されており、Vで表します。一般的に母分散の推定値として使われます。

$$V = \frac{S}{\phi} \quad S：平方和、\phi（自由度）＝ n － 1$$

[例]平方和＝10、観測個数＝5個のときの**不偏分散**（V）を求めると次のようになる。

$$V = \frac{10}{4} = 2.5$$

＊ＪＩＳ（Japanese Industrial Standards　日本工業規格）は、工業標準化法に基づいて制定される日本の国家規格。ＪＩＳ番号は、分野を示すアルファベット1文字と原則4桁の数字からなる。本書に関連する分野はＱ（管理システム）とＺ（その他）。

（8）標準偏差（s）

不偏分散の平方根を**標準偏差**といい、sで表します。

$$s = \sqrt{不偏分散}$$

[例]不偏分散（V）＝2のときの**標準偏差**（s）を求めると次のようになる。

$$s = \sqrt{2} \fallingdotseq 1.4142$$

（9）変動係数

標準偏差（s）と平均値（$\bar{x}$）の比を「**変動係数**」といい、ＣＶで表します。

$$C V = \frac{s}{\bar{x}}$$

[例]標準偏差＝0.5、平均値＝2.0のとき、**変動係数**を求めると次のようになる。

$$C V = \frac{0.5}{2.0} = 0.25$$

6 | 工程能力指数

　工程能力とは、定められた規格の限度内で、製品を生産できる能力のことです。その評価を行う指標のことを**工程能力指数**といい、一般にCpの記号で表します。これは Process Capability の頭文字を組み合わせたものです。Cpの値は以下の式で計算します。

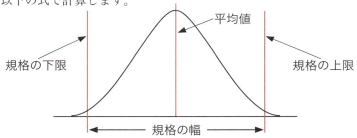

（1）両側規格の場合

$$Cp = \frac{規格の上限 - 規格の下限}{6 \times 標準偏差}$$

　ここでは、**平均値**を規格の中央にコントロールできないような場合、Cpだけでなく偏りを考慮した**Cpk**を併用します。
　Cpkは下記の**片側規格**を用いて、それぞれのCpを求め、小さい値を選択します。
　なお、**平均値**に近い方の**規格値**を用いて**片側規格**のCpを求めても同じ値となります。

（2）片側規格の場合

①上限の規格の場合　$Cp = \dfrac{上限 - 平均値}{3 \times 標準偏差}$

②下限の規格の場合　$Cp = \dfrac{平均値 - 下限}{3 \times 標準偏差}$

[例] 上限規格値52、下限規格値20、平均値50、標準偏差3のとき、①工程能力指数Cpと②偏りを考慮した工程能力指数Cpkを求めよ。

①工程能力指数Cp＝$\dfrac{52-20}{6 \times 3}$＝**1.78**

②偏りを考慮した工程能力指数Cpkは、それぞれの片側規格である

$\dfrac{上限－平均値}{3 \times 標準偏差}$、$\dfrac{平均値－下限}{3 \times 標準偏差}$ で求めたとき、いずれか小さい値をとるので、

$\dfrac{52-50}{3 \times 3}$≒0.22※

$\dfrac{50-20}{3 \times 3}$≒3.33※　より、

Cpk＝**0.22**

※正確には（52－50）÷9＝0.222…、（50－20）÷9＝3.333…となるが、QC検定試験では答えに端数が出る場合は概数処理でかまわない（以下同）。詳しくは92ページを参照。

（3）工程能力指数の判断基準

工程能力指数の判断基準は下記の通りです。

表1.3　工程能力指数の判断基準

Cp≧1.67	十分すぎる
1.67＞Cp≧1.33	十分満足している
1.33＞Cp≧1.0	まずまずである。十分な状態に改善する
1.0＞Cp≧0.67	不足しているので、1.33となるよう改善処置をとる
Cp＜0.67	非常に不足している。原因を究明し、是正処置をとる

では、なぜCp＝1.33以上になるとよいのでしょうか。

一般的に、$N(\mu, \sigma^2)$において、$\mu \pm a\sigma$の範囲に入る確率は次の通りであることが知られています（ここでNは、平均値＝μ、分散＝σ^2の正規分布を表しており、詳しくは第2章の「確率分布」で学習します）。

a＝1のときは　$\mu \pm \sigma$≒68%

a＝2のときは　$\mu \pm 2\sigma$≒95%

a＝3のときは　$\mu \pm 3\sigma$≒99.7%　　です。

これを図示したものが、次の**図1.7**です。

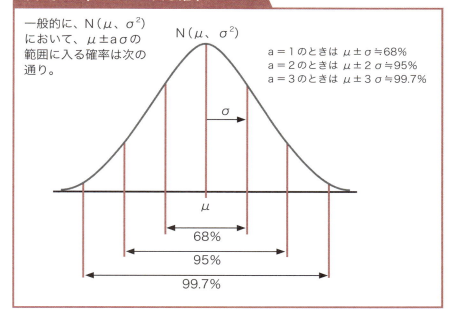

$Cp = \dfrac{規格の幅}{6s}$ で求めることができることから、規格の幅＝8sだけとると、$Cp = \dfrac{8s}{6s} ≒ 1.33$ となります。

このことは、工程能力指数Cpが1.33であれば、不適合品(規格を外れたもの)は、ほとんど発生していないことを意味しています。

よって、工程が満足な状態にあるためには、Cp＝1.33が判断基準として採用されています。

[例] 製品Cの全長の規格は13±0.1cmである。標準偏差が0.05であるときの、工程能力指数とその判断基準を答えよ。

$Cp = \dfrac{規格の上限 - 規格の下限}{6 \times 標準偏差}$ より、

$Cp = \dfrac{0.2}{6 \times 0.05} = \dfrac{0.2}{0.3} ≒ 0.67$

判断基準は工程能力が不足しているといえる。

チェック問題

[問1] 6個のデータ：11, 4, 2, 4, 6, 9のメディアン($\tilde{x}$)の値はいくらか。

正解　**5**

[問2] 平方和40，データ数11の場合，次の値はいくらか。

①不偏分散(V)
②標準偏差(s)

正解　**①4　②2**

[問3] 標準偏差が1，平均値5のとき，変動係数(CV)の値(%)はいくらか。

正解　**20%**

[問4] 次の各データの種類(計量値，計数値)を答えよ。

①クレーム件数
②液体の濃度(%)
③不適合品率(%)($p = \dfrac{x}{n}$：n個の中でx個の不適合品)
④鋼鈑の厚さ(mm)
⑤塗装済鋼鈑の傷の数(個)

正解　**①計数値　②計量値　③計数値　④計量値　⑤計数値**

[問5] 5個のデータ：2, 3, 5, 5, 5のとき，次の値はいくらか。

①平方和(S)
②不偏分散(V)
③標準偏差(s)

正解　**①8　②2　③1.41**

[問6] 9個のデータ：8, 12, 14, 7, 11, 9, 12, 14, 12のとき，次の値はいくらか。

①平均値($\bar{x}$)　　　　　④平方和(S)
②範囲(R)　　　　　　⑤不偏分散(V)
③メディアン($\tilde{x}$)　　　⑥標準偏差(s)

正解　**①11　②7　③12　④50　⑤6.25　⑥2.5**

赤シートで正解を隠して問題を解いてください。

1章 基本統計量

[問7] 上限規格値が56，下限規格値が20，平均値50，標準偏差2のとき，偏りを考慮した工程能力指数Cpkはいくらか。

正解　**1**

[問8] 上限規格値が1.395，下限規格値が1.315，平均値1.3352，標準偏差0.00751のとき，次の値はいくらか。

①工程能力指数Cp
②偏りを考慮した工程能力指数Cpk

正解　①**1.775**　②**0.897**

[問9] 次の x の平均値と標準偏差を求めよ。

$y = 10 \times (x - 3.5)$ と変換すると，y の平均値＝20，標準偏差＝14であった。

正解　平均値**5.5**　標準偏差**1.4**

[問10] 毎日のライン停止回数を20日集めて，停止回数ごとの日数は下記の通りである。このとき，1日あたりの平均ライン停止回数を求めよ。

〈ラインの停止回数とその日数〉

停止回数	0	1	2	3	4	5
日数	2	3	5	5	3	2

正解　**2.5**

解　説

【問1】データ数が偶数（6個）であるので $\tilde{x} = \dfrac{4+6}{2} = $ **5**

【問2】①不偏分散　　$V = \dfrac{S}{n-1}$ である。　$V = \dfrac{40}{10} = $ **4**

　　　　②標準偏差　　$s = \sqrt{V} = $ **2**

【問3】$CV = \dfrac{標準偏差}{平均値}$ である。　$CV = $ **0.2**

【問4】計量値には量の単位がある。計数値は数えて得られる値。

【問5】①平方和（S）：$S = \sum x^2 - \dfrac{(\sum x)^2}{n} = 88 - 80 = $ **8**

②不偏分散（V）： $V = \dfrac{S}{n-1} = 2$

③標準偏差（s）： $s = \sqrt{V} \fallingdotseq 1.41$

【問6】①平均値（$\bar{x}$）$= \dfrac{99}{9} = 11$　　②範囲（R）$= 14 - 7 = 7$

③メディアン（$\tilde{x}$）$= 12$　　④平方和（S）$= 1139 - 1089 = 50$

⑤不偏分散（V）$= 50 \div (9-1) = 6.25$

⑥標準偏差（s）$= \sqrt{6.25} = 2.5$

【問7】平均値が上限規格方向に偏っているので，

$$Cpk = \frac{56-50}{3 \times 2} = 1 \quad \text{となる。}$$

【問8】①$Cp = \dfrac{1.395 - 1.315}{6 \times 0.00751} \fallingdotseq 1.775$

②平均値が下限規格方向に偏っているので，

$$Cpk = \frac{1.3352 - 1.315}{3 \times 0.00751} \fallingdotseq 0.897 \quad \text{となる。}$$

【問9】平均値　：yの平均値$= 20$より，$20 = 10 \times (x - 3.5)$となり，

xの平均値$= 5.5$　となる。

標準偏差：yは変換式でxを10倍しているので，

xの標準偏差$= \dfrac{14}{10} = 1.4$となる。

【問10】1日あたりの平均ライン停止回数$= \dfrac{\text{総停止回数}}{\text{総日数}}$　より，

総停止回数$= \Sigma$停止回数×日数$= 50$　となる。よって，

1日あたりの平均ライン停止回数$= \dfrac{50}{20} = 2.5$

2章
確率分布

　2章では、確率分布について学びます。この科目からは、「分散の加法性」、「標準化」の問題がよく出題されますので、十分対策しておくことが大事です。　また、ＱＣ検定2級での試験対策として勉強すべき確率分布は、次の3つで十分だと思います。

●連続的な分布：正規分布
●離散的な分布：二項分布、ポアソン分布

第20回（2015年9月6日）から適用の品質管理検定レベル表（Ver.20150130.1）では、2級テストの出題範囲の中で、「二項分布」「ポアソン分布」「統計量の分布」（いずれも確率計算を含む）、「大数の法則」「中心極限定理」（定義と基本的な考え方）が新たに追加されました。

1 確率と確率分布

　宝くじで1等はなかなか当たりませんが、5等、6等ならよく当たります。このように、あることがらの起こりやすさ（可能性）が問題になるとき、それを数値で表したものを「確率」といいます。

　いま、2枚の硬貨（100円、500円）を投げるとき、可能な結果は次の4通りです。

（100円、500円）（100円、500円）（100円、500円）（100円、500円）
（　表、　表　）（　表、　裏　）（　裏、　表　）（　裏、　裏　）

　この試行で表が出た枚数をxとし、そのときの確率$P(x)$とすると、

$x=0$のとき　$P(0)=\dfrac{1}{4}$

$x=1$のとき　$P(1)=\dfrac{1}{4}+\dfrac{1}{4}=\dfrac{1}{2}$

$x=2$のとき　$P(2)=\dfrac{1}{4}$

となります。

　このように変数（x）がある定まった確率の値をとるとき、その変数を「確率変数」といい、変数と確率の関係を「確率分布」と呼んでいます。

2 確率分布の種類

(1) 正規分布

正規分布とは、下図に示すような連続した左右対称な分布で、その確率密度関数 f (x) は次の式の通りです。「**ガウス分布**」とも呼ばれています。

$$f(x) = \frac{1}{\sqrt{2\pi\sigma^2}} \exp\left(-\frac{(x-\mu)^2}{2\sigma^2}\right)$$

※ π …円周率　e …自然対数の底(2.718…)　μ …平均値　σ^2 …分散

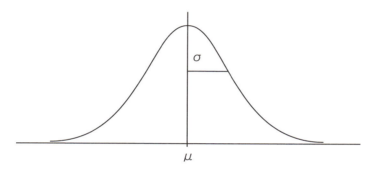

上の式からわかるように、正規分布は**平均値**＝μと**分散**＝σ^2とによって定まる分布で、一般的に N (μ、σ^2) と表します。

正規分布で、x が N (μ、σ^2) に従うとき、

$$Z = \frac{x-\mu}{\sigma}$$

とおくと、x を N (0、1^2) に変換することができ、それを「**標準化**」、あるいは「**規準化**」と呼んでいます。

このとき、置き換えた Z も**確率変数**となってきます。
確率変数 Z は**期待値(平均値)**＝0、**分散**＝1^2 の正規分布に従い、このような正規分布 N (0、1^2) を「**標準正規分布**」といいます。
μ や σ がどんな値であっても、上の式に置き換えれば、どんな正規分布でも必ず**標準正規分布**に置き換えられます。

さらに、N（0、1^2）は「正規分布表」としてまとめられてあるので、容易に確率を求めることができます（巻末の「正規分布表」を参照）。

[例] N（10、2^2）の正規分布で、13.5より大きい値が得られる確率を求めると、

$$Z = \frac{x - \mu}{\sigma} \text{より、}$$

$$Z = \frac{13.5 - 10}{2} = 1.75$$

正規分布表からKp＝1.75における確率Pを求めると、0.040059が得られる。

（2）二項分布

$x = 0$、1、2、……、nのそれぞれの値の出現する確率P（x）が、
P（x）＝ $_nC_x \times p^x \times (1-p)^{n-x}$ で与えられる分布を二項分布といいます。
※nは正の整数、pは0と1の間の実数である。

ここで、$_nC_x$ は、n個のものから x 個選ぶ組み合わせの数をいい、サンプル中の不適合品個数の分布を表すときに用いられます。たとえば、

$$_5C_2 = \frac{5 \times 4}{2 \times 1} = 10 \quad \text{と計算されます。}$$

二項分布はB（n、p）で表されます。その期待値と標準偏差はそれぞれ、
$$E（x）= n p \qquad \sigma（x）= \sqrt{np(1-p)}$$
と表されます。

[例] さいころを6回投げて1の目が x 回出るときの確率は二項分布に従うので、$x = 2$ の場合、P（2）の確率は次のように求めることができる。

p＝1の目が出る確率は、$\dfrac{1}{6}$

q＝1の目が出ない確率は、$1 - \dfrac{1}{6} = \dfrac{5}{6}$

ここで、

$$P（2）= {_6C_2} \times \left(\frac{1}{6}\right)^2 \times \left(\frac{5}{6}\right)^4$$

$$= \frac{6 \times 5}{2 \times 1} \times \frac{1}{36} \times \frac{625}{1296} \fallingdotseq 0.201 \quad \text{となる。}$$

（3）ポアソン分布

ポアソン分布は、まれにしか起こらない現象の出現度数分布にあてはまるといわれています。

母平均μが与えられたときに事象が**x回出現する確率**を表すポアソン分布の一般式は、次の通りです。

$$P(x) = \frac{\mu^x e^{-\mu}}{x!}$$

※μ：母平均　　x：0、1、2、3、…　　　e：自然対数の底（2.718…）

[例] ドア1枚当たりのキズの数の一定単位中に現れる欠点数の確率がポアソン分布に従うとき、キズの平均＝3個である場合に、キズが1つもない確率とキズが1つある確率を求めると（ただし、e^{-3}＝0.0498とする）、
キズが1つもない確率は、μ＝3、x＝0　の場合。よって、

$P(0) = e^{-3}$
　　　　$= 0.0498$

キズが1つある確率は、μ＝3、x＝1　の場合。よって、

$P(1) = 3 \times e^{-3}$
　　　　$= 0.1494$

3 ｜ 期待値／分散の基本性質

期待値／分散の基本性質には、次の4つがあげられます。

❶確率変数の各値に定数aを加えると、その期待値Eは**aだけ増す**が、分散Vは**変わらない**。

$E(x + a) = E(x) + a$

$V(x + a) = V(x)$

❷確率変数の各値に定数cを掛けると、その期待値Eは**元のc倍**となるが、分散は**c^2倍**となる。

$E(cx) = c \times E(x)$

$V(cx) = c^2 \times V(x)$

❸2つの確率変数の和(差)の期待値は、おのおのの確率変数の期待値の和(差)に等しい。
E($x+y$)＝E(x)＋E(y)
E($x-y$)＝E(x)－E(y)

❹2つの独立な確率変数の和の分散は、おのおのの確率変数の分散の和に等しい(分散の加法性)。
V($x+y$)＝V(x)＋V(y)
※ここで、独立でない場合は、
V($x+y$)＝V(x)＋V(y)＋2Cov(x、y)
となり、共分散Cov(x、y)の項があるため、分散の加法性が成り立たないことに注意。

共分散とは、下記のように、2組の対応するデータ間での平均からの偏差の積の平均値です。
Cov(x、y)＝E[{x－E(x)}{y－E(y)}]
　　　　　　＝E(xy)－E(x)E(y)
で定義されます。

[例]部品Aの全長aは、母平均5cm、母標準偏差0.3cmであり、部品Bの全長bは、母平均8cm、母標準偏差0.4cmである。
　部品Aと部品Bとをつなげて製品Cを製造しているときに、製品Cの全長cの母平均と母標準偏差を求めると、

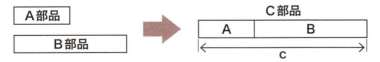

母平均＝5＋8＝13
母標準偏差＝$\sqrt{0.09+0.16}$＝$\sqrt{0.25}$＝**0.5**
となる。

4 | 統計量の分布

正規分布をする母集団$N(\mu、\sigma^2)$について、仮説検定を行うときに用いられる主な統計量の分布は、次の通りです。

(1)平均値の分布

母平均μ、母分散σ^2の母集団から大きさnのサンプル(標本)をランダムに抽出したとき、n個のサンプルの平均値$\bar{x}$の平均値(期待値)と分散は次のようになります。平均値をE、分散をVとすると、

$$E(x)=\mu$$

$$V(x)=\frac{\sigma^2}{n}$$

※E：無限個をとった試料の平均値という意味から、**期待値**ともいわれる。

また、$Z=\dfrac{\bar{x}-\mu}{\dfrac{\sigma}{\sqrt{n}}}$

と標準化すると、Zは$N(0、1^2)$の標準正規分布に従います。このZを、**検定統計量**と呼んでいます。

このnが十分に大きければ、次の法則、定理が成り立つといわれています。

❶大数の法則
nが十分に大きければ、標本平均＝$\bar{x}$は母平均＝μに近い値をとる。

❷中心極限定理
nが十分に大きければ、母集団の従う確率分布に関係なく、標本平均は期待値＝μ、分散＝$\dfrac{\sigma^2}{n}$の正規分布$N(\mu、\dfrac{\sigma^2}{n})$に従うとみなすことができる。

(2)t分布

$N(\mu、\sigma^2)$からn個のサンプルをとり、次の式で与えられる検定統計量tは、自由度$\phi=n-1$のt分布という分布をすることが知られています。

検定統計量 t は、

$$t = \frac{\bar{x} - \mu}{\frac{\sqrt{V}}{\sqrt{n}}}$$

自由度 ϕ の t 分布の両側確率 α の点を $t(\phi、\alpha)$ で表します。

たとえば付表「 t 表」から、

$t(8、0.05) = 2.306$

を読み取ることができます。

[例] 母平均 $\mu = 3.0$ の正規母集団から大きさ $n = 6$ 個のサンプルをとり、次の値を得た（母分散は未知とする）。サンプルの平均値は $\bar{x} = 3.5$、不偏分散は $V = 0.28$ である。

このときの検定統計値（実現値）t_0 は

$$t_0 = \frac{3.5 - 3.0}{\frac{\sqrt{0.28}}{\sqrt{6}}} = 2.31 \quad となる。$$

（3）X^2（カイの2乗）分布

$N(\mu、\sigma^2)$ から n 個のサンプルをとり、その平方和 S を σ^2 で割ったものは、自由度 $\phi = n - 1$ の X^2 分布という分布をすることが知られています。

$$X^2 = \frac{S}{\sigma^2}$$

X^2 分布は、自由度 ϕ によって定まります。自由度 ϕ の X^2 の上側確率 α の点を $X^2(\phi、\alpha)$ で表します。たとえば、付表「X^2表」から、

$X^2(8、0.05) = 15.51$

$X^2(8、0.975) = 2.18$ を読み取ることができます。

[例] 母標準偏差 $\sigma = 0.5$ の正規母集団から、大きさ $n = 5$ 個のサンプルをとり、次の値を得た。

サンプル平均値：$\bar{x} = 4.0$、平方和：$S = 2.38$

このときの検定統計値（実現値）X_0^2 は、

$$X_0^2 = \frac{2.38}{0.25} = 9.52 \quad となる。$$

（4）F分布

分散が等しい2つの正規分布 $n(\mu_1、\sigma^2)$ と $N(\mu_2、\sigma^2)$ からそれぞれランダムにとられた n_1、n_2 のサンプルから得られた不偏分散を、それぞれ V_1、V_2 とすると、$F = \dfrac{V_1}{V_2}$ は、自由度 $\phi_1 = n_1 - 1$、$\phi_2 = n_2 - 1$ のF分布に従うことが知られています。

自由度 ϕ_1、ϕ_2 のF分布の上側確率 α の点を、$F(\phi_1、\phi_2；\alpha)$ で表します。たとえば、付表の「F表」から、

$F(8、9；0.05) = $ **3.23**

を読み取ることができます。

なお、F分布の下側確率は、次の式から求めることができます。

$$F(\phi_1、\phi_2；\alpha) = \frac{1}{F(\phi_2、\phi_1；1-\alpha)}$$

たとえば、付表の「F表」から、

$$F(8、9；0.95) = \frac{1}{F(9、8；0.05)} = \frac{1}{3.39} \fallingdotseq \textbf{0.295}$$

を読み取ることができます。

[例] ある正規母集団から大きさ $n = 10$ 個のサンプルをとったところ、不偏分散は $V_1 = 0.48$ であった。さらに、10個のサンプルをとったら、$V_2 = 0.20$ であったという。

このときのF検定統計値（実現値）F_0 は

$$F_0 = \frac{V_1}{V_2} = \frac{0.48}{0.20} = \textbf{2.4}$$

となる。

ここで F_0 を求めるときには、F_0 は1より大きくなるように、V_1、V_2 のうちの大きい方を分子とする必要があります。

チェック問題

[問1] 次の①～⑪について，それぞれ巻末の分布表を用いて求めよ。

① $K_p = 1.96$ のとき，P はいくらか。

② $P = 0.05$ のとき，K_p はいくらか。

③ $t(8, 0.05)$ の値はいくらか。

④ $t(10, \alpha) = 3.169$ のとき，α はいくらか。

⑤ $t(\phi, 0.05) = 2.201$ のとき，ϕ はいくらか。

⑥ $X^2(15, 0.05)$ の値はいくらか。

⑦ $X^2(15, 0.975)$ の値はいくらか。

⑧ $X^2(\phi, 0.01) = 31.9999$ のとき，ϕ はいくらか。

⑨ $F(7, 8 ; 0.05)$ の値はいくらか。

⑩ $F(7, 8 ; 0.95)$ の値はいくらか。

⑪ $F(\phi_1, \phi_2 ; 0.05) = 2.00$ のとき，ϕ_1 と ϕ_2 はそれぞれいくらか。

正解　①0.025　②1.645　③2.306　④0.01　⑤11　⑥24.9958　⑦6.26214　⑧16　⑨3.50　⑩0.268　⑪$\phi_1 = 12$, $\phi_2 = 40$

[問2] 次の文章の①～⑧に入る最も適切な語句を下の選択肢からそれぞれひとつ選べ。選択肢は複数回用いてもよい。

母集団が平均値 μ，分散 σ^2 の正規分布をするとき，これからランダムにとった n 個の試料の平均値は平均 ① ，分散 ② の ③ 分布に従う。

また，$Z = \dfrac{\bar{x} - \mu}{\dfrac{\sigma}{\sqrt{n}}}$ とすれば，Z は平均 ④ ，分散 ⑤ の ⑥ 分布をする。

母標準偏差 σ の代わりに，不偏分散 V を用いて

$t = \dfrac{\bar{x} - \mu}{\dfrac{\sqrt{V}}{\sqrt{n}}}$ とすれば，r は自由度 ⑦ の ⑧ 分布をする。

【選択肢】

ア．正規　　イ．t　　ウ．F　　エ．X^2　　オ．$\bar{x}$　　カ．μ

キ．0　　ク．1　　ケ．n　　コ．$n-1$　　サ．$\dfrac{\sigma^2}{n}$　　シ．$\dfrac{\sigma^2}{\sqrt{n}}$

正解　①カ　②サ　③ア　④キ　⑤ク　⑥ア　⑦コ　⑧イ

[問3] 部品Aの全長は平均3cm，標準偏差は0.03cmの正規分布に従っている。全長が3.09cmを超える確率を下の選択肢からひとつ選べ（正規分布表を使用すること）。

【選択肢】
ア．約0.11%　イ．約0.12%　ウ．約0.13%　エ．約0.14%　オ．約0.15%
正解　ウ

[問4] 部品Bの高さ寸法のn＝100のデータをまとめたヒストグラムは下図の通りである。上限規格36，下限規格26のとき，この規格を外れる確率を下の選択肢からひとつ選べ。

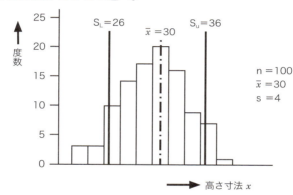

【選択肢】
ア．約23%　イ．約30%　ウ．約40%　エ．約48%　オ．約50%
正解　ア

[問5] 製品Aの製造時間Xは正規分布N(50, 1)に従い，製品Bの製造時間YはN(20, 4)に従うとき，次の各設問に答えよ。

①製品Aと製品Bとを1個ずつ順番に製造する合計時間が正規分布に従う場合，そのときの平均値と分散を求めよ。
②製品Aを2個順番に製造する合計時間が正規分布に従う場合，そのときの平均値と分散を求めよ。
③補助器具を用いると，製品Bの製造時間は0.5倍になる。このときの製品Bの製造時間が正規分布に従う場合，そのときの平均値と分散を求めよ。

正解　①平均値70，分散5　②平均値100，分散2　③平均値10，分散1

[問6] 100人の点数の平均が60点，標準偏差が10点であった。このとき，次の①と②の答えを下の選択肢からひとつずつ選べ。ただし，点数の分布は正規分布に従っているものとする。
①75点以上の人はほぼ何人いるか。
②70点以下は何人いるか。
【選択肢】
ア．7　イ．8　ウ．9　エ．80　オ．84　カ．87
正解　①ア　②オ

[問7] 確率変数XとYが正規分布に従うものとする。次の式について，成り立つ場合には○，そうでないものには×を記せ。
確率変数XとYが独立の場合
　①E(X－Y)＝E(X)－E(Y)
　②V(X＋Y)＝V(X)＋V(Y)
確率変数XとYが独立でない場合
　③E(X－Y)＝E(X)－E(Y)
　④V(X＋Y)＝V(X)＋V(Y)
正解　①○　②○　③○　④×

[問8] 部品Aと部品Bを組み立てて製品化している。この製品の品質特性は寸法 z である。寸法 x は平均10mm，標準偏差0.3mm，寸法 y は平均3mm，標準偏差0.4mmの互いに独立した正規分布をしているとき，寸法 z の平均値と標準偏差を求めよ。

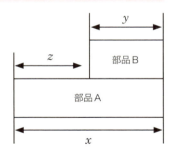

正解　平均値7，標準偏差0.5

解　説

【問1】それぞれ，巻末の付表から読み取る。
①正規分布表(Ⅱ)PからKpを求める表より，P＝0.025
②正規分布表(Ⅱ)PからKpを求める表より，Kp＝1.645
③t表より，t(8, 0.05)＝2.306　④t表より，α＝0.01

⑤t表より，$\phi = 11$　⑥X^2表より，$X^2(15, 0.05) = \mathbf{24.9958}$

⑦X^2表より，$X^2(15, 0.975) = \mathbf{6.26214}$　　　⑧X^2表より，$\phi = \mathbf{16}$

⑨F表より，$F(7, 8 ; 0.05) = \mathbf{3.50}$

⑩F表より，$F(7, 8 ; 0.95) = \dfrac{1}{F(8, 7 ; 0.05)} = \dfrac{1}{3.73} \fallingdotseq \mathbf{0.268}$

⑪F表より，$\phi_1 = \mathbf{12}$，$\phi_2 = \mathbf{40}$

【問2】問題文の通り。「まとめ」になっているので覚えておこう。

【問3】　$Z = \dfrac{x - \mu}{\sigma}$と標準化すると，$Z = \dfrac{3.09 - 3}{0.03} = 3$となる。

Kp＝3のときの正規分布表からPを求めると，P＝**0.0013499**であることがわかる。したがって，正解は**ウ**の約**0.13**％となる。

【問4】

標準化を行うと，規格上限外れは，$Z_1 = \dfrac{36 - 30}{4} = 1.5$

規格下限外れは，$Z_2 = \dfrac{26 - 30}{4} = -1$　となる。

正規分布表より，$Kp_1 = 1.5 \rightarrow P_1 = 0.066807$

$Kp_2 = -1 \rightarrow P_2 = 0.15866$

規格外れの確率＝$P_1 + P_2 = \mathbf{0.225467}$　となる。

したがって，正解は**ア**の約**23**％となる。

【問5】

①製品Aと製品Bとを1個ずつ順番に製造する合計時間とは，

| 部品A | 部品B |
のように部品Aと部品Bとをつなげたときの全長の平均と分散を求めることなので，

合計時間の平均$E(x + y) = E(x) + E(y) = 50 + 20 = \mathbf{70}$

合計時間の分散$V(x + y) = V(x) + V(y) = 1 + 4 = \mathbf{5}$

②同様に，製品Aを2個順番に製造する合計時間とは，| 部品A | 部品A | のように部品Aを2つつなげたときの全長の平均と分散を求めることなので，

合計時間の平均 $E(x+x)=E(x)+E(x)=50+50=$ **100**

合計時間の分散 $V(x+x)=V(x)+V(x)=1+1=$ **2**

③補助器具を用いると, 製品Bの製造時間は0.5倍になるということは, 下図のように部品にあてはめると, 部品が $\frac{1}{2}$ になるということなので,

$$\boxed{\text{部品B}} \rightarrow \boxed{\text{部品B}}$$

変更後の平均 $=E(\frac{1}{2}\times20)=\frac{1}{2}\times20=$ **10**

変更後の分散 $=V(\frac{1}{2}\times4)=\frac{1}{4}\times4=$ **1**

【問6】

①75点以上は, 標準化すると, $Z=\dfrac{75-60}{10}=1.5$ となる。

正規分布表より, $Kp=1.5$ → $P=0.066807$

よって, 100人の約6.7%だから約 **6～7** 人となるので, 正解は**ア**。

②70点以上の人を求めると, 標準化すると, $Z=\dfrac{70-60}{10}=1.0$

$Kp=1.0\to P=0.15866$ となり, 70点以下の人は, $1-0.15866=$ 0.84134 となる。よって, 100人の約84%だから**84**人となるので, 正解は**オ**となる。

【問7】

2つの確率変数の「差」の期待値は, おのおのの確率変数の期待値の「差」に等しくなることから, ①＝〇, ③＝〇となる。

2つの確率変数X, Yに対して, その和の分散は, XとYが独立であるときのみ「分散の加法性」が成り立つ。よって, ②＝〇, ④＝×となる。

【問8】

平均値 $E(z)=E(x)-E(y)=10-3=$ **7**

分散 $V(z)=V(x)+V(y)$

$\qquad\qquad=x$ の標準偏差^2+y の標準偏差^2

$\qquad\qquad=0.3\times0.3+0.4\times0.4=0.25$

標準偏差 $=\sqrt{分散}=$ **0.5**

3章
検定・推定

3章では、2級試験で毎回出題されている、「検定・推定」について学びます。2級試験で扱う検定は、「平均値の検定（母分散既知）」「平均値の検定（母分散未知）」「母分散の検定」の3つを理解すれば合格点を取ることは可能だと思います。また、検定に用いられる語句（第1種の誤り、第2種の誤り）なども押さえておくとよいでしょう。

第20回（2015年9月6日）から適用の品質管理検定レベル表（Ver.20150130.1）では、2級テストの出題範囲の中で、**「計数値データに基づく検定と推定」**が独立した大項目として新たに追加されました。

1 | 検定の考え方

　統計的検定とは、母集団から、ランダムに標本(データ)をとって、その統計量を計算し、「母集団」に関する各種の仮説に関する適否の判定(判断)を行うものです。その概念を図示すると、下図のようになります。

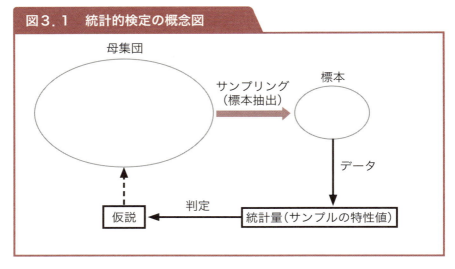

図3.1　統計的検定の概念図

　たとえば、ある機械部品の加工を行っている工程があるとします。部品の品質特性値は長さ(mm)であり、その分布は、母平均(μ)＝30.0、母分散$\sigma^2 = 0.57^2$、の正規分布をしているとします。最近、新たな設備が導入され、新設備導入後にランダムに9個の部品を抽出して、測定すると、その試料平均は29.95でした。このとき、新設備導入後の母平均が導入前の値＝30.0から変わったのかどうかを統計的に検討する場合には、次のステップで行います(母分散σ^2は0.57^2で、変化していないものとします)。

　このようなとき、まず初めに、**帰無仮説**(証明したい仮説とは逆の仮説)を立てます。帰無仮説は**H₀**で表し、検定する母集団はこのような状態であると仮定します。棄却したい仮説なので、帰無仮説が採択されると、目的(例：工程が改善された)が達成されないことから、「苦労が無に帰す」という意味でこの名称になったともいわれています。今回の場合は　H₀＝30.0　となります。

　新設備導入後のデータ(n＝9)は、仮説の母平均＝30.0mmからのサンプル

と考えることになります。

　今、n＝9個のデータが母平均＝30.0mmからはとても得られそうにない（確率が極めて小さい）ならば、母平均(μ_0)＝30.0mmとした帰無仮説が正しくなかったと判断し、この「帰無仮説を捨て」て、母平均$(\mu)\neq$30.0mmと判定します。検定で使用する語句は「**帰無仮説を棄却する**」といいます。

　反対に、n＝9個のデータは母平均＝30.0mmから得られものと考えてもおかしくない（確率が小さくない）ならば、母平均＝30.0mmとした帰無仮説を否定する根拠が薄くなるので、この「帰無仮説を捨てない」と判定します。検定で使用する語句は「**帰無仮説を棄却できなかった**」などの表現を使います。

　上記のように、仮説を捨てるか、捨てないかをデータ（統計量）によって分析することを**仮説の検定**と呼んでいます。

　仮説を捨てるか捨てないかの判断をする小さい確率として、一般的に５％または１％が用いられます。この確率を**危険率**、**有意水準**といい、**α**で表します。

　判定は次の例のように示します。
●危険率５％で仮説を棄却する。あるいは有意水準５％で有意である。
●危険率５％で仮説を棄却できない。あるいは有意水準５％で有意でない。

　次に帰無仮説H_0が棄却された場合、採択される仮説を対立仮説といい、H_1で表します。今回の例は（変わったのかどうかの検定なので）
　$H_1：\mu\neq30.0$
となります。
大きくなったのか、あるいは小さくなったのかの検定をするときは
　$H_1：\mu>30.0\quad\mu<30.0$
となります。

2 | 検定における誤り

　統計的な判断をする場合、サンプリングしたデータの情報を知ることはできますが、母集団を知ることができませんので、ある程度の誤りを避けることはできません。このように、帰無仮説が正しいにもかかわらず、これを棄却してしまうことがあります。帰無仮説が真にもかかわらず、棄却する誤りを**第一種の誤り**と呼んでいます。**あわてものの誤り**ともいい、α で表します。

　逆に、帰無仮説が正しくないにもかかわらずこの確率(サンプルから得られた測定値が棄却域に当てはまらない)が大きいという理由で、これを棄却しないこともあります。帰無仮説が真ではないにもかかわらず、棄却しない誤りを**第二種の誤り**と呼んでいます。**ぼんやりものの誤り**ともいい、β で表します。

　「真実」と「判断」の関係を α、β で表すと下表の通りとなります。

表3.1　判断の誤り

	帰無仮説が正しいと判断	対立仮説が正しいと判断
帰無仮説が真	$1-\alpha$	α
対立仮説が真	β	$1-\beta$（検出力）

　このように、統計的な仮説検定法は、完全な方法ではなく、ときには誤った結論に導かれることもあります。

　第一種の誤りをおかす確率は設定した有意水準と同じで、有意水準の確率が高いほどその危険性は増します。

　たとえば、有意水準が5％、つまり $\frac{1}{20}$ の場合が該当します。20回に1回は、この誤りが(確率的に)起こることになるので、注意が必要です。

3 | 棄却域と棄却限界値

　「母集団からランダムサンプリングしたときのデータを解析し、平均値は母集団の平均値 μ を中心に正規分布し、その分散は $\frac{\sigma^2}{n}$ となる。」という性質を利用すると、44ページの例では、$n=9$ のサンプルの平均値 $\bar{x}$ の分布は、母集団の平均値 $\mu=30.0$、標準偏差 $=\frac{\sigma}{\sqrt{n}}=\frac{0.57}{\sqrt{9}}=0.19$ の正規分布となります。

いま、有意水準を5％とした場合、$\bar{x}$の値が下図の**採択域**（48ページ参照）に入る範囲は、μから両側に$1.960 \times \frac{\sigma}{\sqrt{n}}$をとって、$29.63 \leq \mu \pm 1.960 \times \frac{\sigma}{\sqrt{n}} \leq 30.37$　となります。

※有意水準が両側合わせて5％なので、片側は2.5％。正規分布表で2.5％のときの値は、P（0.025）＝1.960

図3.2　採択域と棄却域

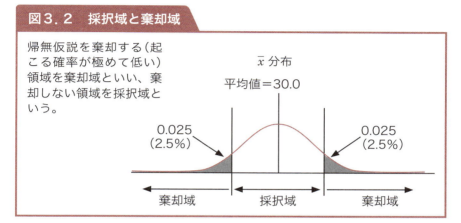

帰無仮説を棄却する（起こる確率が極めて低い）領域を棄却域といい、棄却しない領域を採択域という。

母集団が$N(30, 0.57^2)$から$n = 9$のサンプルならば、$\bar{x}$の値が、
　$\bar{x} \geq 30.37$
　$\bar{x} \leq 29.63$
になる（採択域に入らない）ことの確率は5％しかないので、このような結果になることはまずないと考えてよいはずです。

　実際に得られたデータの平均値が、このいずれか場合に該当するならば、めったに起きないような低い確率が発生したことになり、このデータのとられた母集団のμは30.0でないとして、帰無仮説$H_0 = 30.0$を棄却します。帰無仮説を棄却するので、この領域を**棄却域**といいます。

　棄却域は危険率（有意水準）に該当する数値で、棄却域の端の値を**棄却限界値**といいます。この棄却限界値は、各表から求めることができます。

　この例の場合の棄却限界値＝1.960は、正規分布表の2.5％のときの数値です（本書巻末の付表1．正規分布表を確認してみてください）。

4 両側検定と片側検定

検定に用いる統計量の値が、ある決められた両側の区間外の値になるときに、帰無仮説を棄却するような検定を**両側検定**といいます。

$H_0 : \mu = \mu_0$ に対して $H_1 : \mu \neq \mu_0$ なら、棄却域は両側となります。

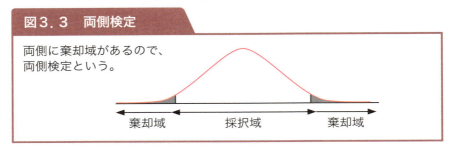

図3.3 両側検定

両側に棄却域があるので、両側検定という。

棄却域　　採択域　　棄却域

また、$\bar{x}$ の値が下記の場合には、帰無仮説 H_0 を棄却する根拠が乏しいので、H_0 を棄却しないと判定します。

$29.63 < \bar{x} < 30.37$

この棄却しない領域を**採択域**といいます。

なお、対立仮説を $\mu > 30.0(\mu_0)$ とした場合には、下図に示すように、棄却域を右側にとります。このように検定に用いる統計量の値がある値より大きい(または小さい)値をとるとき、帰無仮説を棄却するような検定を**片側検定**といいます。

$H_0 : \mu = \mu_0$ に対して $H_1 : \mu > \mu_0$ なら、棄却域は**右**側となります。

$H_0 : \mu = \mu_0$ に対して $H_1 : \mu < \mu_0$ なら、棄却域は**左**側となります。

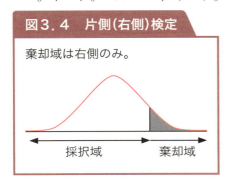

図3.4 片側(右側)検定

棄却域は右側のみ。

採択域　　棄却域

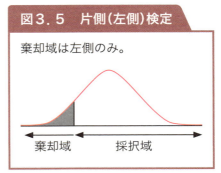

図3.5 片側(左側)検定

棄却域は左側のみ。

棄却域　　採択域

5 | 平均値に関する検定

3章 検定・推定

　正規母集団からランダムにとられた n 個のサンプルがあるとき、このサンプルの試料(標本)平均 $\bar{x}$ が、母集団の母平均 $= \mu_0$ と差があるかどうかを検定する場合の検定統計量は次の通りです。

（１）母集団の分散（σ^2）が**既知**の場合：Z検定統計量(標準正規分布)

（２）母集団の分散（σ^2）が**未知**の場合：t検定統計量(t 分布)

　検定の手順は次の**手順1～6**のようになります。

手順1　仮説の設定

　　　　帰無仮説　$H_0 : \mu = \mu_0$

　　　　対立仮説　$H_1 :$ ① $\mu \neq \mu_0$、② $\mu > \mu_0$、③ $\mu < \mu_0$ のいずれか。

手順2　有意水準の設定

　　　　α：**第1種の誤り**を5％とします。

手順3　検定統計量の決定

$$Z = \frac{\bar{x} - \mu_0}{\sqrt{\dfrac{\sigma^2}{\sqrt{n}}}} \quad \text{母集団の分散（}\sigma^2\text{）が\textbf{既知}の場合}$$

$$t = \frac{\bar{x} - \mu_0}{\sqrt{\dfrac{V}{\sqrt{n}}}} \quad \text{母集団の分散（}\sigma^2\text{）が\textbf{未知}の場合}$$

手順4　棄却域の設定

　　　　$\mu \neq \mu_0$　　　　　　　→　**両側**検定

　　　　$\mu > \mu_0$、$\mu < \mu_0$　→　**片側**検定

手順5　検定統計値 Z_0、t_0 いずれかの計算

手順6　判定　検定統計値 ≧ 棄却限界値　　　**対立**仮説を採択

　　　　　　　　検定統計値 ＜ 棄却限界値　　　**帰無**仮説を採択

　では、例題を解きながら、具体的に検定の手順をみていきましょう。

49

[例1] 平均値が変わったかどうかについての検定
　　　～母集団の分散が既知の場合

母平均値：$\mu_0=8.0$、母分散＝1.0の母集団からデータ数：n＝9のサンプルを抜き取った結果、標本平均値：$\bar{x}=9.0$であった。ばらつきは変化していないとする。このとき、平均値が変化したかどうかの検定の手順は次のようになる。

手順1　仮説の設定
　　　　帰無仮説　$H_0：\mu=\mu_0(\mu_0=8.0)$
　　　　対立仮説　$H_1：\mu \neq \mu_0$

手順2　有意水準の設定
　　　　α：第1種の誤りを5％とする。

手順3　検定統計量の決定
　　　　母集団の分散が既知であるので、

$$検定統計量　Z=\frac{標本平均値-母平均値}{\frac{\sqrt{母分散}}{\sqrt{標本数}}}$$

手順4　棄却域の設定
　　　　$\mu \neq \mu_0$ → 両側検定
　　　　正規分布表より、P＝0.025→Kp＝1.960となる。

棄却限界値Kp＝1.960

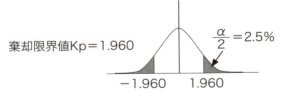

手順5　検定統計値の計算

$$検定統計値　Z_0=\frac{9.0-8.0}{\frac{\sqrt{1}}{\sqrt{9}}}=\frac{1.0}{\frac{1}{3}}=3.0$$

手順6　判定
　　　　正規分布表の棄却域の限界値と検定統計値と比較すると、
　　　　検定統計値Z_0＝3.0＞棄却限界値＝1.960　となるので、よって、
　　　　この検定結果は有意であり、平均値が変化したと判定する。

[例2] 平均値が大きくなったかどうかについての検定
　　　～母集団の分散が既知の場合

母平均値：$\mu_0=8.0$、母分散＝1.0の母集団からデータ数：$n=9$のサンプルを抜き取った結果、標本平均値：$\bar{x}=9.0$であった。ばらつきは変化していないものとする。このとき、平均値が大きくなったかどうかの検定の手順は次のようになる。

手順1　**仮説の設定**
　　　　帰無仮説　$H_0: \mu = \mu_0 \ (\mu_0=8.0)$
　　　　対立仮説　$H_1: \mu > \mu_0$

手順2　**有意水準の設定**
　　　　α：**第1種の誤り**を5％とする。

手順3　**検定統計量の決定**
　　　　母集団の分散が**既知**であるので、

$$検定統計量 \quad Z = \frac{標本平均値 - 母平均値}{\frac{\sqrt{母分散}}{\sqrt{標本数}}}$$

手順4　**棄却域の設定**
　　　　$\mu > \mu_0$　→　**片側（右側）**検定
　　　　正規分布表より、$P=0.05 \rightarrow Kp=1.645$となる。

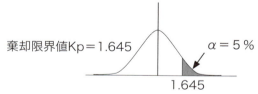

棄却限界値$Kp=1.645$　　　　$\alpha=5\%$
　　　　　　　　　　　　1.645

手順5　**検定統計値の計算**

$$検定統計値 \quad Z_0 = \frac{9.0-8.0}{\frac{\sqrt{1}}{\sqrt{9}}} = \frac{1.0}{\frac{1}{3}} = 3.0$$

手順6　**判定**
　　　　正規分布表の棄却域の限界値と検定統計値と比較すると、
　　　　検定統計値$Z_0=3.0 >$棄却限界値$=1.645$　となるので、よって、
　　　　この検定結果は**有意**となり、**平均値が大きくなった**と判定する。

[例3] 平均値が大きくなったかどうかについての検定
　　　～母集団の分散が未知の場合

母平均値：$\mu_0 = 9.4$ の母集団からデータ数：$n = 9$ のサンプルを抜き取った結果、標本平均値：$\bar{x} = 11.0$、不偏分散：$V = 6.25$ であった。このとき、平均値が大きくなったかどうかの検定の手順は次のようになる。

手順1　仮説の設定
　　　帰無仮説　$H_0 : \mu = \mu_0 (\mu_0 = 9.4)$
　　　対立仮説　$H_1 : \mu > \mu_0$

手順2　有意水準の設定
　　　α：第1種の誤りを5％とする。

手順3　検定統計量の決定
　　　母集団の分散が未知であるので、

$$検定統計量 \quad t = \frac{標本平均値 - 母平均値}{\frac{\sqrt{不偏分散}}{\sqrt{標本数}}}$$

手順4　棄却域の設定
　　　$\mu > \mu_0$ → t表の片側(右側)検定
　　　t表より、$\alpha = 0.05$ で、自由度8の値は、1.860となる。

棄却限界値 $t(8 ; 0.10) = 1.860$

（t表は両側確率で表示されているので注意が必要）

手順5　検定統計値の計算

$$検定統計値 \quad t_0 = \frac{11.0 - 9.4}{\frac{\sqrt{6.25}}{\sqrt{9}}} = \frac{1.6}{\frac{\sqrt{2.5^2}}{3}} = \frac{4.8}{2.5} = 1.92$$

手順6　判定
　　　t表の棄却域の限界値と検定統計値と比較すると、
　　　統計値 $t_0 = 1.92 >$ 棄却限界値 $= 1.860$　となるので、よって、
　　　この検定結果は有意となり、平均値が大きくなったと判定する。

6 | 分散に関する検定

3章 検定・推定

（1）母分散が変化したかどうかについての検定

　正規母集団からランダムにとられたn個のサンプルがあるとき、このサンプルから得られた統計量X^2（カイの2乗）を用いて、母集団の母分散$=\sigma_0^2$が変化したかどうかを検定する場合、次の**手順1〜6**のようになります。

手順1　仮説の設定
　　　　帰無仮説　$H_0 : \sigma^2 = \sigma_0^2$
　　　　対立仮説　$H_1 :$ ① $\sigma^2 \neq \sigma_0^2$、② $\sigma^2 > \sigma_0^2$、③ $\sigma^2 < \sigma_0^2$　のいずれか。

手順2　有意水準の設定
　　　　$\alpha :$ **第1種の誤り**を5％とします。

手順3　検定統計量の決定

$$検定統計量　X^2 = \frac{S（平方和）}{\sigma_0^2}$$

手順4　棄却域の設定
　　　　$\sigma^2 \neq \sigma_0^2$　　　　　　　　　→　**両側**検定
　　　　$\sigma^2 > \sigma_0^2$、$\sigma^2 < \sigma_0^2$　　→　**片側**検定

手順5　検定統計値の計算

$$検定統計値　X_0^2 = \frac{S（平方和）}{\sigma_0^2}$$

手順6　判定
　　　　検定統計値 ≧ 棄却限界値　　**対立**仮説を採択
　　　　検定統計値 < 棄却限界値　　**帰無**仮説を採択

　では、例題を解きながら、具体的に検定の手順をみていきましょう。

[例]母分散が大きくなったかどうかについての検定

ある工程の管理特性は平均値＝10.00、標準偏差＝1.00とわかっていた。しかし、最近この特性値のばらつきが大きくなったと現場から問題提起された。そこで、毎日サンプリングして31個のデータを得たところ、平均＝10.35、標本分散＝1.20、平方和＝36であった。このとき、工程のばらつきは大きくなったかどうかについての検定は次の手順で行う。

手順1　仮説の設定
　　　　帰無仮説　H_0：ばらつきは変わらない（$\sigma_0^2=1.00$）
　　　　対立仮説　H_1：ばらつきは大きくなった（$\sigma^2>1.00$）

手順2　有意水準の設定
　　　　α：**第1種の誤り**を5％とする。

手順3　検定統計量の決定

　　　　検定統計量　$X^2=\dfrac{平方和}{分散}$

　　　　X^2は自由度＝30のX^2分布をする。

手順4　棄却域の設定

　　　　$\sigma^2>\sigma_0^2$　→　X^2表の**片側（右側）**検定

　　　　X^2表より、$\alpha=0.05$で、自由度30の値は、43.7730となる。

棄却限界値 $X^2(30、0.05)=43.7730$

手順5　検定統計値の計算
　　　　X^2の検定統計値を計算する。$X_0^2=\dfrac{36}{1}=36$

手順6　判定
　　　　$X_0^2=36<X^2(30、0.05)=43.7730$　これにより帰無仮説は有意水準5％で棄却されないので**ばらつきは大きくなっていない**と判定する。

（2）2つの母分散の違いについての検定

2つの母集団、$N(\mu_A,\ \sigma_A^2)$と$N(\mu_B,\ \sigma_B^2)$があり、それぞれから得られたn_a、n_bのデータを用いて、ふたつの分散、σ_A^2とσ_B^2とが違うかどうかを検定する場合、次の例のような手順で行います。

[例] 2つの母分散の違いについての検定

2台の機械A、Bで生産される製品のばらつき σ_A、σ_B が異なるかどうかを検定するとき、次のような手順で行う。

表3.2 データ表

	A機	B機
データ数	$n_A = 11$	$n_B = 10$
平方和	$S_A = 270$	$S_B = 261$

手順1　仮説の設定
　　　帰無仮説　H_0：母分散は等しい　　　$\sigma_A^2 = \sigma_B^2$
　　　対立仮説　H_1：母分散は等しくない　$\sigma_A^2 \neq \sigma_B^2$

手順2　有意水準の設定
　　　α：第1種の誤りを5％とする。

手順3　検定統計量の決定

　　　検定統計量　$F = \dfrac{V_B}{V_A}$　とおくと（Vは不偏分散）、

　　　Fは自由度 $\phi_1 = n_B - 1$、$\phi_2 = n_A - 1$ のF分布をする。

手順4　棄却域の設定

　　　$\sigma_A^2 \neq \sigma_B^2$ なので、両側検定を使う。

　　　$\alpha = 0.05$ は、両側検定では $\dfrac{\alpha}{2} = 0.025$。F表②より値を求める。

F表

棄却限界値 $F(9, 10 ; 0.025) = 3.78$

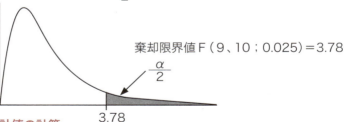

手順5　検定統計値の計算

　　　Fの検定統計値を計算する。$F_0 = \dfrac{V_B}{V_A} = \dfrac{29}{27} = 1.074$

　　　＊ F_0 は1より大きくなるように、V_A、V_B のうちの大きい方を分子にとる。

　　　A機：母分散 $= V_A = \dfrac{270}{10} = 27$　　B機：母分散 $= V_B = \dfrac{261}{9} = 29$

手順6　判定
　Ｆ表の棄却域の限界値と検定統計値を比較すると、
統計値F_0＝1.074＜棄却限界値＝3.78　となるので、よって、
有意水準５％で**有意でない**ので、帰無仮説は棄却できず、対立仮説は
採択されないと判定する。

7 | 推定

　母集団からランダムサンプリングして、その統計量から**母集団の特性**を知ることを推定といいます。
　推定には、点推定と区間推定とがあります。点推定は母数を**ある１つの値**として推定し、区間推定は母数の**存在する範囲**を一定の信頼度で推定する方法です。

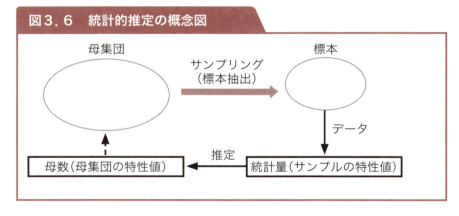

図３.６　統計的推定の概念図

（1）母平均の推定

　母平均の推定は、母集団からサンプリングした標本より得られた平均から、母平均を知ることをいいます。
（1）点推定
　$\bar{x} = \hat{\mu}$　（$\hat{\mu}$はμの推定値の意味）
　点推定は、母平均をある１つの値として推定する方法です。

（2）区間推定
❶母分散 σ^2 が既知の場合

正規分布する母集団 $N(\mu、\sigma^2)$ から抽出された大きさ n の標本の標本平均 $\bar{x}$ は、標準化（規準化）すると、

$$Z = \frac{\bar{x} - \mu}{\frac{\sigma}{\sqrt{n}}}$$ と置換できます。

この Z は、平均＝**0**、分散＝**1**^{2} の標準正規分布に従います。確率 α の Z の値を $Z(\alpha)$ とすると、統計量 Z が次の範囲にある確率（信頼度）は、$(1-\alpha)$ です。

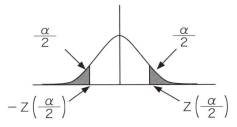

$-Z\left(\frac{\alpha}{2}\right) \leq Z \leq Z\left(\frac{\alpha}{2}\right)$ に置換した Z を当てはめて整理すると、

$-Z\left(\frac{\alpha}{2}\right) \leq \frac{\bar{x} - \mu}{\frac{\sigma}{\sqrt{n}}} \leq Z\left(\frac{\alpha}{2}\right)$

$-Z\left(\frac{\alpha}{2}\right) \times \frac{\sigma}{\sqrt{n}} \leq \bar{x} - \mu \leq Z\left(\frac{\alpha}{2}\right) \times \frac{\sigma}{\sqrt{n}}$

よって、
$\bar{x} - Z\left(\frac{\alpha}{2}\right) \times \frac{\sigma}{\sqrt{n}} \leq \mu \leq \bar{x} + Z\left(\frac{\alpha}{2}\right) \times \frac{\sigma}{\sqrt{n}}$　（符号に注意）

すなわち、

母平均 μ の上限は、$\bar{x} + Z\left(\frac{\alpha}{2}\right) \times \frac{\sigma}{\sqrt{n}}$

母平均 μ の下限は、$\bar{x} - Z\left(\frac{\alpha}{2}\right) \times \frac{\sigma}{\sqrt{n}}$

となります（信頼度 $1-\alpha$）。α は通常**1**％、**5**％の値をとり、信頼度**99**％あるいは信頼度**95**％といいます。信頼度**95**％とすると $\alpha = 0.05$　となり、正規分布表より、$Z(0.025) = 1.96$　となります。

[例] $\sigma=10$ とわかっている母集団から、ランダムサンプリングした25個の試料の平均値は25.5であった。信頼度95％で母平均の信頼区間を求めよ。

信頼度95％なので、$\alpha=1-0.95=0.05$

正規分布表より、$Z(0.025)=1.96$

上限 $=25.5+1.96\times\dfrac{10}{\sqrt{25}}=$ **29.42**

下限 $=25.5-1.96\times\dfrac{10}{\sqrt{25}}=$ **21.58**

よって、信頼区間は **21.58～29.42** となる。

❷母分散 σ^2 が未知の場合

母集団の σ^2 が未知の場合には、標本不偏分散Vを用います。

$$Z=\frac{\bar{x}-\mu}{\dfrac{\sigma}{\sqrt{n}}}$$

上式の σ をVで置き換えると、

$$t=\frac{\bar{x}-\mu}{\dfrac{\sqrt{V}}{\sqrt{n}}}$$

これは、自由度 $\phi=n-1$ の t 分布に従います。よって、確率 α の t の値を $t(\alpha)$ とすると、母平均 μ の信頼度 $1-\alpha$ の信頼区間は、

$$-t(\alpha)<t=\frac{\bar{x}-\mu}{\dfrac{\sqrt{V}}{\sqrt{n}}}<t(\alpha)\quad(\text{t 表は}\text{両側}\text{確率より})$$

母平均 μ の上限は、$\bar{x}+t(\phi,\alpha)\times\dfrac{\sqrt{V}}{\sqrt{n}}$

母平均 μ の下限は、$\bar{x}-t(\phi,\alpha)\times\dfrac{\sqrt{V}}{\sqrt{n}}$

となります（信頼度 $1-\alpha$）。

[例] σ がわかっていない母集団から、ランダムに9個の試料を抜き取った結果、平均値は25.5、不偏分散は0.81であった。信頼度95%で母平均の信頼区間を求めよ。

t表より、 t (8、0.05)＝2.306

上限＝$25.5 + 2.306 \times \dfrac{\sqrt{0.81}}{\sqrt{9}} = $ **26.19**

下限＝$25.5 - 2.306 \times \dfrac{\sqrt{0.81}}{\sqrt{9}} = $ **24.81**

よって、信頼区間は、**24.81～26.19** となる。

（2）母分散の推定

母分散の推定は、母集団からサンプリングした標本より得られた不偏分散から、母分散を知ることをいいます。

（1）点推定

$V = \hat{\sigma}^2$ （$\hat{\sigma}^2$ は σ^2 の推定値の意味です）

点推定は、母分散を**ある1つの値**として推定する方法です。

（2）区間推定

$$上限 = \dfrac{S}{X^2\left(\phi、\ 1 - \dfrac{\alpha}{2}\right)} \qquad ここで、S は平方和です。$$

$$下限 = \dfrac{S}{X^2\left(\phi、\dfrac{\alpha}{2}\right)}$$

※ X^2 分布は**左右対称**ではないので、上側と下側の両方の $\dfrac{\alpha}{2}$ 点が必要になることに注意。

[例] 母集団から、ランダムに10個の試料を抜き取った結果、平方和が2.55であった。信頼度95%で母分散の信頼区間を求めよ。

信頼度95%なので、$\alpha = 0.05$　よって、$\dfrac{\alpha}{2} = 0.025$　$1 - \dfrac{\alpha}{2} = 0.975$

　$X^2(9、0.975) = 2.70039$
　$X^2(9、0.025) = 19.0228$
X^2表より、

　上限 $= \dfrac{2.55}{2.70039} = 0.944$

　下限 $= \dfrac{2.55}{19.0228} = 0.134$

よって、母分散の信頼区間は **0.134〜0.944**　となる。

ちなみに、母分散の点推定は、$V = \hat{\sigma}^2 = \dfrac{2.55}{9} = 0.283$　となる。

8 ｜計数値データに基づく検定・推定

　この項目は、第20回試験（2015年9月6日）から適用された品質管理検定レベル表（Ver.20150130.1）で加わった、新たな出題範囲です。

（1）計数値の検定

　計数値の場合は連続的な分布として表すことができないため、連続的な分布に近似して、検定と推定を行います。計数値における検定の手順は、計量値と同じ考え方です。ここでは、**二項分布**、**ポアソン分布**は以下の連続的な分布で近似します。

　二項分布では、実用上は、$np \geqq 5$　かつ　$n(1-p) \geqq 5$　であれば、二項分布を正規分布として扱うことは差し支えないとされているので、正規分布近似を用いるものとします。

　P：母不適合品率、n：サンプル数、p：不良率、x：不適合品数　とおくと、$p = \dfrac{x}{n}$ は、近似的に次の正規分布に従います（統計量pは小文字）。

$$p \sim {}^*N\left(P,\ \frac{P(1-P)}{n}\right) \qquad *「\sim」は「近似」を表す$$

ポアソン分布では、実用上は、$n\lambda \geqq 5$であれば、**ポアソン分布**を正規分布として扱うことは差し支えないとされているので、正規分布近似を用いるものとします。

λ：1単位当たりの母不適合数(単位当たり欠点数)、n：サンプル単位数、T：不適合数(欠点数)の合計 とおくと、

$\hat{\lambda} = \dfrac{T}{n}$ は、近似的に下記の正規分布に従います($\hat{\lambda}$はλの推定値の意味)。

$$\hat{\lambda} \sim {}^*N\left(\lambda,\ \frac{\lambda}{n}\right) \qquad *「\sim」は「近似」を表す$$

この項では、**二項分布**、**ポアソン分布**の検定・推定は、正規分布近似法が使用できる条件が成り立っているものとしています。

（2）計数値の検定・推定の種類

計数値の検定・推定の種類のうち、**二項分布**に従う母不適合品率のデータの正規分布近似解析を行うものとしては、次の2つがあります。

1）1つの母不適合品率に関する検定と推定
2）2つの母不適合品率の違いに関する検定と推定

また、**ポアソン分布**に従う1単位当たりの母不適合数λ(単位当たり欠点数)のデータの正規分布近似解析を行うものとしては、次の2つがあります。

3）母不適合品数に関する検定と推定
4）2つの母不適合品数の違いに関する検定と推定

さらに、項目ごとに分類された度数データ解析として、次の分割表による検定があります。

これは、二元表として分類された分割表に基づいて、行と列の項目に関係があるのかどうかを検定するものです。

5）分割表による検定

1）～5）についてそれぞれ、具体的に解説していきます。

（2）a．不適合品率に関する検定と推定

1）1つの母不適合品率に関する検定と推定

　母集団から、試料 n を取って検査したところ、不適合品が x 個あったときに、$\dfrac{x}{n}$ が母不適合品率 P_0 と等しいかどうかを検定するには、次のような手順で行います。

手順1　仮説の設定

　　　　帰無仮説　　$H_0：P = P_0$
　　　　対立仮説　　$H_1：P \neq P_0$

手順2　有意水準の設定

　　　　$\alpha =$ 第1種の誤りを5％とします。

手順3　検定統計量の決定

　　　　検定統計量　　$Z = \dfrac{p^{*} - P_0}{\sqrt{P_0(1 - P_0)/n}}$　　$* \ p = \dfrac{x}{n}$

　　　　とおくと、Zは標準正規分布をします。

手順4　棄却域の設定

　　　　$P \neq P_0$　→　両側検定

手順5　検定統計値 Z_0 の計算

手順6　判定

　　　　検定統計値 ≧ 棄却限界値　　　対立仮説を採択
　　　　検定統計値 ＜ 棄却限界値　　　帰無仮説を採択

手順7　母不適合品率の推定

　　　　点推定　　　$\hat{P} = p = \dfrac{x}{n}$

　　　　信頼率95％の区間推定　　　$p \pm Z\left(\dfrac{\alpha}{2}\right)\dfrac{\sqrt{p(1 - p)}}{\sqrt{n}}$

では、例題を解きながら、具体的に検定の手順をみていきましょう。

[例] 1つの母不適合品率に関する検定と推定

ある工場でアルミ製品の加工不適合品率は従来P＝0.10であった。今回不適合品率の改善を行うために、ラインの一部を変更して作られた製品からn＝100のサンプルをとって検査したら不適合品数＝20であった。不適合品率は変わったといえるのか。

手順1　仮説の設定
　　　　帰無仮説　$H_0: P = P_0 (P_0 = 0.10)$
　　　　対立仮説　$H_1: P \neq P_0$

手順2　有意水準の設定
　　　　α：第1種の誤りを5％とする。

手順3　検定統計量の決定
　　　　検定統計量　$Z = \dfrac{p^* - P_0}{\sqrt{P_0(1-P_0)/n}}$　　＊ $p = \dfrac{x}{n}$

　　　　とおくと、Zは標準正規分布をする。

手順4　棄却域の設定
　　　　$P \neq P_0$　→　両側検定
　　　　正規分布表より、

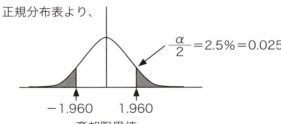

棄却限界値

手順5　検定統計値の計算

$p = \dfrac{x}{n} = \dfrac{20}{100} = 0.2$

検定統計値　$Z_0 = \dfrac{0.20 - 0.10}{\sqrt{0.1 \times 0.9 / 100}} = 3.333\cdots$

手順6　判定
　　　　正規分布表の棄却域の限界値と検定統計値と比較すると、

検定統計値 $Z_0 = 3.33 >$ 棄却限界値 $= 1.960$ となるので、よって、この検定結果は有意であり、不適合品率が変化したと判定する。

手順7　母不適合品率の推定

点推定　$\hat{P} = p = \dfrac{20}{100} = 0.20$

信頼率95％の区間推定

$$p \pm Z\left(\dfrac{\alpha}{2}\right)\dfrac{\sqrt{p(1-p)}}{\sqrt{n}} = 0.20 \pm 1.96\dfrac{\sqrt{0.2 \times 0.8}}{10}$$

$$\fallingdotseq 0.20 \pm 0.078$$

よって、信頼区間は0.122～0.278

2）2つの母不適合品率の違いに関する検定と推定

　2つの母不適合品率（P_A、P_B）から、それぞれn_A個、n_B個のサンプルを抜き取り検査したところ、母不適合品率P_Aではx_A個、P_Bではx_B個の不適合品があった。このときに2つの母不適合品率（P_A、P_B）が等しいかどうかを検定する場合、検定の手順は次のようになります。

手順1　仮説の設定

帰無仮説　$H_0 : P_A = P_B$
対立仮説　$H_1 : P_A \neq P_B$

手順2　有意水準の設定

$\alpha = $第1種の誤りを5％とします。

手順3　検定統計量の決定

検定統計量　$Z = \dfrac{p_A - p_B}{\sqrt{\overline{p}(1-\overline{p})\left(\dfrac{1}{n_A} + \dfrac{1}{n_B}\right)}}$

おくと、Zは標準正規分布をします。

$$p_A = \dfrac{x_A}{n_A}、\quad p_B = \dfrac{x_B}{n_B}、\quad \overline{p} = \dfrac{x_A + x_B}{n_A + n_B}$$

手順4　棄却域の設定

$P_A \neq P_B$　→　両側検定

手順5　検定統計値Z_0の計算

手順6　判定

検定統計値$\geqq$棄却限界値　　対立仮説を採択

検定統計値$<$棄却限界値　　帰無仮説を採択

手順7　母不適合品率の推定

点推定　$\hat{P}_A - \hat{P}_B = p_A - p_B$

信頼率95%の区間推定

$$p_A - p_B \pm Z\left(\frac{\alpha}{2}\right)\sqrt{\frac{P_A(1-p_A)}{n_A} + \frac{P_B(1-p_B)}{n_B}}$$

では、例題を解きながら、具体的に検定の手順をみていきましょう。

［例］2つの母不適合品率の違いに関する検定と推定

2つのラインで生産される自動車部品がある。各ラインからそれぞれ500個サンプルを抜き取り検査したところ、Aラインでは10個、Bラインでは15個の不適合品があった。ラインによって母不適合品率に違いがあるかどうか検討せよ。

手順1　仮説の設定

帰無仮説　$H_0 : P_A = P_B$

対立仮説　$H_1 : P_A \neq P_B$

手順2　有意水準の設定

$\alpha = $第1種の誤りを5%とする。

手順3　検定統計量の決定

検定統計量　$Z = \dfrac{p_A - p_B}{\sqrt{\overline{p}(1-\overline{p})\left(\dfrac{1}{n_A} + \dfrac{1}{n_B}\right)}}$

とおくと、Zは標準正規分布をする。

$p_A = \dfrac{x_A}{n_A}$、　$p_B = \dfrac{x_B}{n_B}$、　$\overline{p} = \dfrac{x_A + x_B}{n_A + n_B}$

手順4　棄却域の設定

$P_A \neq P_B$ → 両側検定

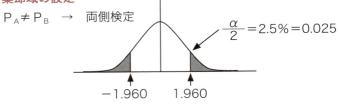

棄却限界値

手順5　検定統計値の計算

$$p_A = \frac{10}{500} = 0.02 \qquad p_B = \frac{15}{500} = 0.03$$

$$\overline{p} = \frac{x_A + x_B}{n_A + n_B} = \frac{25}{1000} = 0.025$$

検定統計値　$Z_0 = \dfrac{0.02 - 0.03}{\sqrt{0.025(1-0.025) \times (1/500 + 1/500)}}$

$$\fallingdotseq -\frac{0.01}{0.00987} \fallingdotseq -1.013$$

手順6　判定

正規分布表の棄却域の限界値と検定統計値と比較すると、
検定統計値 $Z_0 = -1.013 >$ 棄却限界値 $= -1.960$　となり、帰無仮説は棄却されず、よって、この検定結果は有意でなく、母不適合品率に差があるとはいえない。

手順7　母不適合品率の推定

点推定
$$\hat{P}_A - \hat{P}_B = p_A - p_B = 0.02 - 0.03 = -0.01$$

信頼率95%の区間推定

$$p_A - p_B \pm Z\left(\frac{\alpha}{2}\right)\sqrt{\frac{p_A(1-p_A)}{n_A} + \frac{p_B(1-p_B)}{n_B}}$$

$$= -0.01 \pm 1.96\sqrt{\frac{0.02(1-0.02)}{500} + \frac{0.03(1-0.03)}{500}}$$

$$\fallingdotseq -0.01 \pm 0.0193$$

よって、信頼区間は $-0.0293 \sim 0.0093$

（2）b．不適合品数に関する検定と推定

3）母不適合品数に関する検定と推定

母不適合数 λ_0（単位当たり欠点数）から、試料 n 単位を取って検査したところ、不適合数が合計 T 個あった。このときにこの試料の $\dfrac{T}{n}$（単位当たり不適合数）は母不適合数 λ_0 と等しいかどうかを検定するには、次の手順で行います。

手順1　仮説の設定

帰無仮説　$H_0：\lambda = \lambda_0$　　　対立仮説　$H_1：\lambda \neq \lambda_0$

手順2　有意水準の設定

$\alpha =$ 第1種の誤りを5％とします。

手順3　検定統計量の決定

検定統計量　$Z = \dfrac{\hat{\lambda}^{*} - \lambda_0}{\sqrt{\lambda_0 / n}}$　　$* \ \hat{\lambda} = \dfrac{T}{n}$

とおくと、Z は標準正規分布をします。

手順4　棄却域の設定

$\lambda \neq \lambda_0$　→　両側検定

手順5　検定統計値 Z_0 の計算

手順6　判定

検定統計値 ≧ 棄却限界値　　対立仮説を採択

検定統計値 ＜ 棄却限界値　　帰無仮説を採択

手順7　母不適合品数の推定

点推定　　$\hat{\lambda} = \dfrac{T}{n}$

信頼率95％の区間推定　　$\hat{\lambda} \pm Z\left(\dfrac{\alpha}{2}\right)\dfrac{\sqrt{\hat{\lambda}}}{\sqrt{n}}$

では、例題を解きながら、具体的に検定の手順をみていきましょう。

[例]母不適合品数に関する検定と推定

　ある工程で加工されるアルミ板には、従来1㎡当たり平均2個のキズが発生していた。この工程を改善し、その効果を確認するために、サンプルを抜き取り、10㎡のアルミ板を検査したところ、合計8個のキズがあった。このとき、母不適合数が減少したかどうかを検討する。

手順1　仮説の設定

　　　　帰無仮説　$H_0 : \lambda = \lambda_0 (\lambda_0 = 2)$　　　対立仮説　$H_1 : \lambda < \lambda_0$

手順2　有意水準の設定

　　　　$\alpha =$ 第1種の誤りを5％とする。

手順3　正規分布への近似条件の検討と検定統計量の決定

　　　　検定統計量　$Z = \dfrac{\hat{\lambda}^* - \lambda_0}{\sqrt{\lambda_0 / n}}$　　$*\hat{\lambda} = \dfrac{T}{n}$

　　　　とおくと、Zは標準正規分布をする。

手順4　棄却域の設定

　　　　$\lambda < \lambda_0$　→　片側検定
　　　　$\alpha = 0.05$ のとき正規分布表より、
　　　　棄却限界値 $= -1.645$

手順5　検定統計値の計算

　　　　$\hat{\lambda} = \dfrac{T}{n} = \dfrac{8}{10} = 0.80$

　　　　検定統計値　$Z_0 = \dfrac{0.80 - 2}{\sqrt{2 / 10}}$

　　　　　　　　　　$\fallingdotseq -2.683$

手順6　判定

　　　　正規分布表の棄却域の限界値と検定統計値と比較すると、
　　　　検定統計値 $Z_0 = -2.683 <$ 棄却限界値 $= -1.645$　となるので、よって、この検定結果は有意であり、不適合品数が減少したと判定する。

手順7　母不適合品数の推定

　　　　点推定　　$\hat{\lambda} = \dfrac{T}{n} = \dfrac{8}{10} = 0.80$

　　　　信頼率95％の区間推定

68

$$\hat{\lambda} \pm Z\left(\frac{\alpha}{2}\right)\frac{\sqrt{\hat{\lambda}}}{\sqrt{n}} = 0.80 \pm 1.96\frac{\sqrt{0.80}}{\sqrt{10}}$$

$$\fallingdotseq 0.80 \pm 0.554$$

よって、信頼区間は0.246〜1.354

4）2つの母不適合品数の違いに関する検定と推定

2つの母不適合数（λ_A、λ_B：単位当たり欠点数）から、それぞれn_A単位、n_B単位のサンプルを抜き取り検査したところ、n_Aでは不適合数の合計がT_A、n_Bでは不適合数の合計がT_Bあった。このときに、2つの母不適合数λ_A、λ_Bに違いがあるかどうかを検定する場合、検定の手順は次のようになります。

手順1 仮説の設定

帰無仮説 $H_0：\lambda_A = \lambda_B$ 　　対立仮説 $H_1：\lambda_A \neq \lambda_B$

手順2 有意水準の設定

α＝第1種の誤りを5％とします。

手順3 検定統計量の決定

$$\hat{\lambda}_A = \frac{T_A}{n_A}、\ \hat{\lambda}_B = \frac{T_B}{n_B}、\ \hat{\lambda} = \frac{T_A + T_B}{n_A + n_B} \qquad とする。$$

検定統計量 　$Z = \dfrac{\hat{\lambda}_A - \hat{\lambda}_B}{\sqrt{\hat{\lambda} \times \left(\dfrac{1}{n_A} + \dfrac{1}{n_B}\right)}}$

とおくと、Zは標準正規分布をします。

手順4 棄却域の設定

$\lambda \neq \lambda_0$ 　→ 　両側検定

手順5 検定統計値Z_0の計算

手順6 判定

検定統計値≧棄却限界値　　対立仮説を採択

検定統計値＜棄却限界値　　帰無仮説を採択

手順7　母不適合品数の推定

点推定　$\hat{\lambda}_A - \hat{\lambda}_B$

信頼率95%の区間推定

$$\hat{\lambda}_A - \hat{\lambda}_B \pm Z\left(\frac{\alpha}{2}\right)\sqrt{\frac{\hat{\lambda}_A}{n_A} + \frac{\hat{\lambda}_B}{n_B}}$$

では、例題を解きながら、具体的に検定の手順をみていきましょう。

[例] 2つの母不適合品数の違いに関する検定と推定

　ある会社には2つのA工場、B工場がある。A工場では過去1年間で災害が15件、B工場では直近の10か月で24件発生した。工場によって災害発生件数に違いがあるのかどうかを検定する。

手順1　仮説の設定

帰無仮説　$H_0 : \lambda_A = \lambda_B$

対立仮説　$H_1 : \lambda_A \neq \lambda_B$

　　$\lambda_A = $ A工場の1か月当たりの災害件数

　　$\lambda_B = $ B工場の1か月当たりの災害件数

手順2　有意水準の設定

$\alpha = $ 第1種の誤りを5%とする。

手順3　検定統計量の決定

$$\hat{\lambda}_A = \frac{T_A}{n_A} = \frac{15}{12} = 1.25, \quad \hat{\lambda}_B = \frac{T_B}{n_B} = \frac{24}{10} = 2.40$$

$$\hat{\lambda} = \frac{T_A + T_B}{n_A + n_B} = \frac{39}{22} \fallingdotseq 1.773$$

検定統計量　$Z = \dfrac{\hat{\lambda}_A - \hat{\lambda}_B}{\sqrt{\hat{\lambda} \times \left(\dfrac{1}{n_A} + \dfrac{1}{n_B}\right)}}$

とおくと、Zは標準正規分布をする。

手順4　棄却域の設定

$\lambda \neq \lambda_0$　→　両側検定

$\alpha = 0.05$のとき正規分布表より、棄却限界値$= -1.960$

手順5　検定統計値 Z_0 の計算

$$\text{検定統計値} \quad Z_0 = \frac{\hat{\lambda}_A - \hat{\lambda}_B}{\sqrt{\hat{\lambda} \times \left(\frac{1}{n_A} + \frac{1}{n_B}\right)}}$$

$$= \frac{1.25 - 2.40}{\sqrt{1.773 \times \left(\frac{1}{12} + \frac{1}{10}\right)}} \fallingdotseq \frac{-1.15}{0.570} \fallingdotseq -2.018$$

手順6　判定

正規分布表の棄却域の限界値と検定統計値と比較すると、

検定統計値 $Z_0 = -2.018 <$ 棄却限界値 $= -1.960$　となるので、

よって、この検定結果は有意であり、A工場、B工場の災害発生件数には差があると判定する。

手順7　母不適合品数の推定

点推定　　$\hat{\lambda}_A - \hat{\lambda}_B = -1.15$

信頼率95％の区間推定

$$\hat{\lambda}_A - \hat{\lambda}_B \pm Z\left(\frac{\alpha}{2}\right)\sqrt{\frac{\hat{\lambda}_A}{n_A} + \frac{\hat{\lambda}_B}{n_B}}$$

$$= -1.15 \pm 1.96 \sqrt{\frac{1.25}{12} + \frac{2.40}{10}}$$

$$\fallingdotseq -1.15 \pm 1.149$$

よって、信頼区間は $-2.299 \sim -0.001$

（2）c．分割表による検定

5）分割表による検定

　ここは、例題を解くことで、検定の手順をみていきましょう。

[例]分割表による検定

　A、Bの2台の機械で部品を作ったところ、適合品と不適合品が次のように発生した。これにより、機械A、Bによって、適合品、不適合品の出方に違いがあるかどうか検討する。

	適合品	不適合品	合計
A	186	16	202
B	116	24	140
合計	302	40	342

手順1　仮説の設定
　　　　帰無仮説　H_0：機械によって適合品、不適合品の出方に違いはない
　　　　対立仮説　H_1：機械によって適合品、不適合品の出方に違いがある
手順2　有意水準の設定
　　　　α＝第1種の誤りは5％とする。
手順3　期待度数と検定統計量の決定
　　　　期待度数の計算：m〈行〉× n〈列〉(2×2)分割表なので下表のようになる。

2×2分割表

	適合品	不適合品	合計
A	202×302／342≒178	202×40／342≒24	202
B	140×302／342≒124	140×40／342≒16	140
合計	302	40	342

　　　　検定統計量　$X^2 = \sum_{i=1}^{m}\sum_{j=1}^{n}\dfrac{(f_{ij}-e_{ij})^2}{e_{ij}}$　　f_{ij}：観測度数
　　　　　　　　　　　　　　　　　　　　　　　　　　　　e_{ij}：期待度数
　　　　とすると、X^2は近似的に自由度$\phi=1$のX^2分布をする。
　　　　$\phi=(m-1)(n-1)=1$

手順4　棄却域の設定
　　　　$X_0^2 \geq X^2(\phi、\alpha)=X^2(1、0.05)$
　　　　→　X^2表の片側(右側)検定

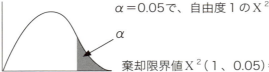

　　　　　　　　　　$\alpha=0.05$で、自由度1のX^2
　　　　　　　　　　棄却限界値$X^2(1、0.05)=3.84146$

手順5　検定統計値の計算
　　　　X^2の検定統計値を計算する。
　　　　$X_0^2 = \dfrac{(186-178)^2}{178} + \dfrac{(116-124)^2}{124} + \dfrac{(16-24)^2}{24} + \dfrac{(24-16)^2}{16}$
　　　　　　$=7.54235$

手順6　判定
　　　　$X_0^2=7.54235 > X^2(1、0.05)=3.84146$
　　　　これにより帰無仮説は有意水準5％で棄却され、「機械A、B間には適合品、不適合品の出方に違いがある」と判定する。

> 赤シートで正解を隠して
> 問題を解いてください。

チェック問題

3章 検定・推定

[問1] ある工場で作っている部品の強度は平均＝2.8，標準偏差＝0.2であることがわかっている。今，製造工程の一部を変更したところ，9個の試料を抜き取り得たデータの平均値＝3.0になった。工程の変更により強度は増したと考えてよいかを検定したい（母集団の分散が既知とする）。
次の設問の①～⑥に入る最も適切な語句を下の選択肢からそれぞれひとつずつ選べ（巻末の正規分布表を使用すること）。

（1）仮説の設定，有意水準の設定

帰無仮説は$H_0 : \mu = \mu_0 (=2.8)$とすると，

対立仮説は ① と設定する。有意水準$\alpha = 0.05$である。

【選択肢】　**ア**．$H_1 : \mu < \mu_0$　　　**イ**．$H_1 : \mu \neq \mu_0$　　　**ウ**．$H_1 : \mu > \mu_0$

（2）検定統計量及び棄却域の設定

検定統計量は， ② となる。

【選択肢】　**ア**．$Z = \dfrac{\bar{x} - \mu_0}{\dfrac{\sigma}{\sqrt{n}}}$　　　**イ**．$t = \dfrac{\bar{x} - \mu_0}{\dfrac{\sqrt{V}}{\sqrt{n}}}$

棄却域は， ③ 検定となる。

【選択肢】　**ア**．片側　　　**イ**．両側

棄却限界値は， ④ となる。

【選択肢】　**ア**．1.645　　　**イ**．1.860

（3）検定統計値の計算

検定統計値を計算すると， ⑤ となる。

【選択肢】　**ア**．1.3　　　**イ**．3.0

（4）判定

以上の結果より，帰無仮説は ⑥ 。

【選択肢】　**ア**．棄却される　　　**イ**．棄却されない

正解　①**ウ**　②**ア**　③**ア**　④**ア**　⑤**イ**　⑥**ア**

73

[問2] ある工場で作っている部品の特性値は長さであり，その設定値は110㎜である。今，製造工程の一部を変更したところ，9個の試料を抜き取り得たデータは平均値＝110.37，平方和＝1.66であることがわかった。工程の変更により部品の長さ110㎜が変わったかどうかを検定したい（母集団の分散が未知とする）。次の設問の①～⑥に入る最も適切な語句を下の選択肢からそれぞれひとつずつ選べ（t表を使用すること）。

（1）仮説の設定，有意水準の設定

帰無仮説は $H_0 : \mu = \mu_0 (=110)$ とすると，

対立仮説は ① と設定する。有意水準 $\alpha = 0.05$ である。

【選択肢】 **ア**. $H_1 : \mu < \mu_0$ **イ**. $H_1 : \mu \neq \mu_0$ **ウ**. $H_1 : \mu > \mu_0$

（2）検定統計量及び棄却域の設定

検定統計量は， ② となる。

【選択肢】 **ア**. $Z = \dfrac{\bar{x} - \mu_0}{\dfrac{\sigma}{\sqrt{n}}}$ **イ**. $t = \dfrac{\bar{x} - \mu_0}{\dfrac{\sqrt{V}}{\sqrt{n}}}$

棄却域は， ③ 検定となる。

【選択肢】 **ア**. 片側 **イ**. 両側

棄却限界値は， ④ となる。

【選択肢】 **ア**. 2.306 **イ**. 1.645

（3）検定統計値の計算

検定統計値を計算すると， ⑤ となる。

【選択肢】 **ア**. 2.43 **イ**. 24.3

（4）判定

以上の結果より，帰無仮説は ⑥ 。

【選択肢】 **ア**. 棄却される **イ**. 棄却されない

正解 ①**イ** ②**イ** ③**イ** ④**ア** ⑤**ア** ⑥**ア**

74

3章 検定・推定

[問3] ある工場で作っている部品の特性値は長さであり，その設定値は110mmである。今，製造工程の一部を変更したところ，9個の試料を抜き取り得たデータは平均値＝110.37，平方和＝1.66であることがわかった。工程の変更前の分散は0.16であったが，この工程変更で分散が大きくなったようだとの意見があるためにこれを検定したい。

次の設問の①〜⑥に入る最も適切な語句を下の選択肢からそれぞれひとつずつ選べ（X^2表を使用すること）。

（1）仮説の設定，有意水準の設定

帰無仮説は$H_0 : \sigma^2 = \sigma_0^2 (=0.16)$とすると，

対立仮説は ① と設定する。有意水準$\alpha = 0.05$である。

【選択肢】 **ア**．$H_1 : \sigma^2 > \sigma_0^2$ **イ**．$H_1 : \sigma^2 = \sigma_0^2$ **ウ**．$H_1 : \sigma^2 < \sigma_0^2$

（2）検定統計量及び棄却域の設定

検定統計量は， ② となる。

【選択肢】 **ア**．$X^2 = \dfrac{S}{\sigma^2}$ **イ**．$t = \dfrac{\bar{x} - \mu_0}{\dfrac{\sqrt{V}}{\sqrt{n}}}$

棄却域は， ③ 検定となる。

【選択肢】 **ア**．片側 **イ**．両側

棄却限界値は， ④ となる。

【選択肢】 **ア**．2.73 **イ**．15.51

（3）検定統計値の計算

検定統計値を計算すると， ⑤ となる。

【選択肢】 **ア**．10.375 **イ**．64.84

（4）判定

以上の結果より，帰無仮説は ⑥ 。

【選択肢】 **ア**．棄却される **イ**．棄却されない

正解 ①**ア** ②**ア** ③**ア** ④**イ** ⑤**ア** ⑥**イ**

$\begin{bmatrix} 問4 \end{bmatrix}$ 次の（1）〜（4）について，それぞれの検定に使用する数値表の種類として適切なもの，また，検定統計量の自由度として適切なものを選べ。ただし，選択肢は複数回用いてもよいこととする。

（1）機械的性質である強度を高くしたい。工程を改良して，改良後の工程から10個の標本を測定し，改良の効果があったかを検定したい。ただし，改良後の母分散は従来の母分散と異なるかもしれない。

〔数値表：[①]　自由度：[②]〕

（2）加工寸法のばらつきが大きいため，新たな加工機を導入し加工精度の向上を図ることになった。製品を20個作って，加工寸法を測定し，従来の既知の母分散と比較検討する。

〔数値表：[③]　自由度：[④]〕

（3）原材料をA社，B社から購入している。2社の間でばらつきに違いがあるのかを検定したい。各社それぞれ20個のサンプルを抽出し，調べることとした。

〔数値表：[⑤]　自由度：[⑥]〕

（4）部品の加工を行っている。部品の品質特性値は長さであり，その設定値は30.0mmである。最近，最終検査工程から，設定値どおりの長さの部品がつくられていないのではないかとの指摘があった。そこで，設定値の30.0mmが変わったのかどうかを検定するために，工程からランダムに10個の部品を抽出し，測定すると，その試料平均は29.95mmであった。母分散はわかっていて，変化していないものとする。

〔数値表：[⑦]　自由度：[⑧]〕

【選択肢】

ア．正規分布表　　**イ**．F表　　**ウ**．t表　　**エ**．X^2表　　**オ**．該当しない

カ．9　　　　　　**キ**．10　　　**ク**．19　　　**ケ**．20

正解　①**ウ**　　②**カ**　　③**エ**　　④**ク**　　⑤**イ**　　⑥**ク**　　⑦**ア**　　⑧**オ**

3章

検定・推定

[問5] 工程（母集団）からランダムに5個を抜き取ったところ，その測定結果は下記の通りである（母分散は未知とする）。

測定データ（単位：mm）　8，5，5，7，6

このとき，次の設問の①〜④に入る最も適切な語句を下の選択肢からそれぞれひとつずつ選べ（t表を使用すること）。

（1）母平均の点推定を求めよ。　$\hat{\mu}=$ ①

（2）母平均の信頼度95%の信頼区間を求めよ。

下限： ① － ② × $\dfrac{\sqrt{③}}{\sqrt{④}}$ 　　上限： ① ＋ ② × $\dfrac{\sqrt{③}}{\sqrt{④}}$

【選択肢】　**ア**．1.7　　**イ**．2.571　　**ウ**．2.776　　**エ**．5.0　　**オ**．6.2

正解　①**オ**　　②**ウ**　　③**ア**　　④**エ**

[問6] 工程（母集団）からランダムに5個を抜き取ったところ，その測定結果は下記の通りである（母分散は未知とする）。

測定データ（単位：mm）　8，5，5，7，6

このとき，次の設問の①〜⑥に入る最も適切な語句を下の選択肢からそれぞれひとつずつ選べ（X^2表を使用すること）。

（1）母分散の点推定を求めよ。　$\hat{\sigma}^2=\dfrac{①}{②}=$ ③

【選択肢】

ア．S（平方和）　　　　**イ**．μ（母平均）　　　　**ウ**．n（データ数）

エ．ϕ（自由度）　　　**オ**．σ^2（母分散）　　**カ**．1.7　　　　　　　**キ**．1.36

（2）母分散の信頼度95%の信頼区間を求めよ。

下限： $\dfrac{④}{⑤}$ 　　上限： $\dfrac{④}{⑥}$

【選択肢】

ア．6.8　　**イ**．7.2　　**ウ**．0.484　　**エ**．11.14　　**オ**．14.05

正解　①**ア**　　②**エ**　　③**カ**　　④**ア**　　⑤**エ**　　⑥**ウ**

[問7] ある工場で作っている部品の不適合品率は10%であることがわかっている。今製造工程の一部を変更した後, 100個の部品中に20個の不適合品が発見された。工程の変更により不適合品率は従来と同じであると考えてよいかを検定したい。このとき, 次の設問の①〜⑥に入る最も適切な語句を下の選択肢からそれぞれひとつずつ選べ(なお, 正規分布に近似するものとするので, 正規分布表を使用すること)。

(1)仮説の設定, 有意水準の設定

帰無仮説は $H_0 : P = P_0 (=0.10)$ とすると,

対立仮説は ① と設定する。有意水準 $\alpha = 0.05$ である。

【選択肢】

ア. $H_1 : P < P_0$　　**イ.** $H_1 : P \neq P_0$　　**ウ.** $H_1 : P > P_0$

(2)検定統計量及び棄却域の設定

検定統計量は, ② となる。

【選択肢】

ア. $Z = \dfrac{x - nP_0}{\sqrt{nP_0(1-P_0)}}$　　**イ.** $Z = \dfrac{x - P_0}{\sqrt{P_0(1-P_0)}}$

棄却域は, ③ 検定となる。

【選択肢】

ア. 片側　　**イ.** 両側

棄却限界値は, ④ となる。

【選択肢】

ア. 1.645　　**イ.** 1.960

(3)検定統計値の計算

検定統計値を計算すると, ⑤ となる。

【選択肢】

ア. 2.89　　**イ.** 3.33

（4）判定

以上の結果より，帰無仮説は $\boxed{⑥}$ 。

【選択肢】

ア．棄却される　　**イ**．棄却されない

正解　①**イ**　　②**ア**　　③**イ**　　④**イ**　　⑤**イ**　　⑥**ア**

[問8] ある工程で作っている機械部品がある。部品の不適状況を調査した結果，400個の部品中に28個の不適合品が発見された。次の正規分布近似による簡便法を用いて，工程の母不適合品率を推定したい。次の設問の①〜④に入る最も適切な語句を下の選択肢からそれぞれひとつずつ選べ。

$$サンプル不適合品率 p \sim N\left(P, \; \frac{P(1-P)}{n}\right)$$

（1）点推定を求めよ。

$\hat{P} = \boxed{①}$ となる。

（2）信頼率95％の区間推定をせよ。

$$\boxed{①} \pm \boxed{②} \; \frac{\sqrt{\boxed{①}(1-\boxed{①})}}{\sqrt{\boxed{③}}}$$

を計算すると，信頼区間は $\boxed{④}$ となる。

【選択肢】

ア．0.07　　**イ**．0.10　　**ウ**．1.645　　**エ**．1.960　　**オ**．400

カ．0.045〜0.095　　**キ**．0.450〜0.950

正解　①**ア**　　②**エ**　　③**オ**　　④**カ**

[問9] A誌とB誌の地方別の購読者数の違いを調べるために，東北地方の250世帯と北陸地方の200世帯で購読者数を調べたところ，下の表のようになった。この表から雑誌・地方別の購読者数における違いの，5％水準での統計的な有意性を調べたい。この表の X^2 の検定統計値は9.46である。X^2 表によると，有意水準5％での X^2 値は自由度1＝3.84，自由度2＝5.99，自由度3＝7.81，自由度4＝9.49である。このことを踏まえ，次の文章①〜④において，正しいものには○を，正しくないものには×を記せ。

	東北地方	北陸地方	合計
A誌	160	100	260
B誌	90	100	190
合計	250	200	450

（単位：世帯）

① 9.46は9.49よりも小さく，したがって，統計的に有意な差はない。

②東北地方と北陸地方で標本数が異なるので，統計的に有意な差を確認することはできない。

③要因の自由度は１である。

④要因の自由度は２であり，統計的に有意な差を確認できる。

正解　①✗　②✗　③〇　④✗

[問10] ２つの工場（Ａ工場，Ｂ工場）で生産される機械部品がある。Ａ工場，Ｂ工場それぞれ200個をサンプリングして不適合品数を調べたところ，Ａ工場は10個，Ｂ工場は20個であった。分割表を用いる方法で，この表からＡ工場，Ｂ工場の不適合品率の違いについて５％水準での統計的な有意性を調べたい。空欄①～⑩に入る最も適切な数値を下欄の選択肢からひとつずつ選べ。ただし，各選択肢は複数回用いてもよいこととする。

帰無仮説：Ａ工場，Ｂ工場の不適合品率の違いはない，とする。

（１）データ表を作成する。

	適合品	不適合品	合計
A工場	①	10	200
B工場	②	20	200
合計	370	30	400

80

（2）期待度数表を作成する。

	適合品	不適合品	合計
A工場	③	⑤	200
B工場	④	⑥	200
合計	370	30	400

（3）有意水準5％とすると，棄却限界値 X^2（ ⑦ ，0.05）＝ ⑧ となる。

【①～⑧の選択肢】

ア. 1　　**イ**. 2　　**ウ**. 3.84　　**エ**. 5.99　　**オ**. 10　　**カ**. 15　　**キ**. 20

ク. 180　　**ケ**. 185　　**コ**. 190　　**サ**. 200

（4）検定統計値を計算すると，X_0^2 値は3.60となり，上記の棄却限界値と比較すると ⑨ となる。

【⑨の選択肢】

ア. $X_0^2 > ⑧$　　**イ**. $X_0^2 < ⑧$

（5）「 ⑩ 」と判定する。

【⑩の選択肢】

ア. A工場，B工場の不適合品率に違いはない

イ. A工場，B工場の不適合品率に違いはある

正解　①コ　②ク　③ケ　④ケ　⑤カ　⑥カ　⑦ア　⑧ウ　⑨イ　⑩ア

解　説

【問1】

(1) 強度が増したかどうかを検定するので，片側検定となる。よって，
①＝ウ．$H_1 : \mu > \mu_0$　である。

(2) 標準偏差が既知であるので，用いる統計量は，

$$Z = \frac{\bar{x} - \mu_0}{\frac{\sigma}{\sqrt{n}}}　なので，②＝ア．Z = \frac{\bar{x} - \mu_0}{\frac{\sigma}{\sqrt{n}}}$$

また，棄却域は(1)の解説より，③＝ア．片側検定である。
棄却限界値は，正規分布表より$P = 0.05$のとき$Kp = 1.645$が読み取れるので，④＝ア．**1.645**

(3) 検定統計値を計算すると，

$$Z_0 = \frac{\bar{x} - \mu_0}{\frac{\sigma}{\sqrt{n}}} = \frac{3.0 - 2.8}{\frac{0.2}{\sqrt{9}}} = 3　よって，⑤＝イ．3.0$$

(4) 検定統計値$Z_0 = 3.0 >$棄却限界値$= 1.645$　となるので，帰無仮説は棄却される。よって，⑥＝ア．**棄却される**

【問2】

(1) 部品の長さが変化したかどうかを検定するので，両側検定となる。よって，①＝イ．$H_1 : \mu \neq \mu_0$

(2) 標準偏差が未知であるので，用いる統計量は

$$t = \frac{\bar{x} - \mu_0}{\frac{\sqrt{V}}{\sqrt{n}}}　なので，②＝イ$$

また，棄却域は(1)の解説より，③＝イ．両側検定
棄却限界値は，t表より$t(8, 0.05) = 2.306$が読み取れるので，④＝ア．**2.306**

(3) 検定統計値を計算すると，

$$t_0 = \frac{\bar{x} - \mu_0}{\frac{\sqrt{V}}{\sqrt{n}}} = \frac{110.37 - 110}{\frac{\sqrt{\frac{1.66}{8}}}{\sqrt{9}}} = \frac{0.37 \times 3}{0.456} \fallingdotseq 2.43$$

よって，⑤＝ア．**2.43**

（4）検定統計値 $t_0 = 2.43 >$ 棄却限界値 $= 2.306$　となるので，帰無仮説は棄却される。よって，⑥＝ア．**棄却される**

【問3】

（1）分散が大きくなったのかを検定したい。よって，片側検定となるので，①＝ア．$H_1 : \sigma^2 > \sigma_0^2$　である。

（2）検定統計量は，$X^2 = \dfrac{S}{\sigma^2}$　なので，②＝ア

　　また，棄却域は（1）の解説より，③＝ア．**片側検定**
　　棄却限界値は，X^2表より $X^2(8, 0.05) = 15.5073 ≒ \mathbf{15.51}$ が読み取れるので，
　　④＝イ．**15.51**

（3）検定統計値を計算すると，$X_0^2 = \dfrac{S}{\sigma^2} = \dfrac{1.66}{0.16} = \mathbf{10.375}$

　　よって，⑤＝ア．**10.375**

（4）検定統計値 $X_0^2 = 10.375 <$ 棄却限界値 $= 15.51$　となるので，帰無仮説は棄却されない。よって，⑥＝イ．**棄却されない**

【問4】

問題の通り。「まとめ」となっているので覚えておこう。

【問5】

（1）$\bar{x} = \hat{\mu}$ である。$\bar{x} = 6.2$　よって，母平均の点推定 $\hat{\mu} = 6.2$　となるので，答えは①＝**オ**

（2）母分散は未知なので，
　　母平均 μ の上限 $= 6.2 + t(4, 0.05) \times \dfrac{\sqrt{1.7}}{\sqrt{5.0}}$
　　母平均 μ の下限 $= 6.2 - t(4, 0.05) \times \dfrac{\sqrt{1.7}}{\sqrt{5.0}}$

　　ここで t 表より，$t(4, 0.05) = \mathbf{2.776}$
　　よって，答えは②＝**ウ**，③＝**ア**，④＝**エ**
　　ちなみに，平方和 $S = \sum x^2 - \dfrac{(\sum x)^2}{n}$ なので，$S = 6.8$

不偏分散 $V = \dfrac{S}{n-1}$ なので， $V = 1.7$

母平均 μ の上限 $= 6.2 + 2.776 \times 0.583 \fallingdotseq 7.82$

母平均 μ の下限 $= 6.2 - 2.776 \times 0.583 \fallingdotseq 4.58$

【問6】

（1）$\hat{\sigma}^2 = \dfrac{S}{\phi}$ なので， $\hat{\sigma}^2 = \dfrac{6.8}{4} = 1.7$ より，

答えは①＝**ア**，②＝**エ**，③＝**カ**

（2）母分散 σ^2 の信頼度 $1 - \alpha$ の信頼区間は，

上限 $= \dfrac{S}{X^2\left(\phi,\ 1 - \dfrac{\alpha}{2}\right)}$　　　下限 $= \dfrac{S}{X^2\left(\phi,\ \dfrac{\alpha}{2}\right)}$

X^2 表より， $X^2(4, 0.975) = \mathbf{0.484}$

$X^2(4, 0.025) = \mathbf{11.14}$

上限 $= \dfrac{6.8}{0.484} \fallingdotseq 14.050$　　下限 $= \dfrac{6.8}{11.14} \fallingdotseq 0.610$

答えは④＝**ア**，⑤＝**エ**，⑥＝**ウ**

【問7】

「1つの母不適合品率に関する検定と推定」である。

（1）仮説の設定，有意水準の設定

帰無仮説は $H_0 : P = P_0 (= 0.10)$ とすると，

対立仮説は H_1 : ①**イ**. $P \neq P_0$ である。

有意水準 $\alpha = 0.05$ である。

（2）検定統計量および棄却域の設定

検定統計量は， $Z = \dfrac{p - P_0}{\sqrt{P_0(1 - P_0) / n}}$　　また， $p = \dfrac{x}{n}$ なので，

②**ア**. $Z = \dfrac{x - nP_0}{\sqrt{nP_0(1 - P_0)}}$ （←分母と分子に n をかけた）

棄却域は，③**イ**. 両側検定となる。

棄却限界値は，正規分布表より④**イ**. **1.960** となる。

（3）検定統計値の計算

$x = 20$，$n = 100$，$P_0 = 0.10$　より，検定統計値を計算すると，

$$Z = \frac{20 - 100 \times 0.10}{\sqrt{100 \times 0.10(1 - 0.10)}} = \frac{20 - 10}{\sqrt{10 \times 0.9}} = \frac{10}{3}$$

$\fallingdotseq$⑤イ. **3.33**　となる

（4）判定　以上の結果より，検定統計量＝3.33＞棄却限界値＝1.960となるので，帰無仮説は⑥ア. **棄却される**（不適合品率は**変化した**）。

【問8】　点推定と区間推定を求める。

点推定　$\hat{P} = p$（標本不適合品率）＝ $\dfrac{\text{不適合数}}{\text{サンプル数}} = \dfrac{28}{400} =$ ①ア. **0.07**

区間推定　信頼率95％の区間推定

$$p \pm Z\left(\frac{\alpha}{2}\right) \frac{\sqrt{p(1-p)}}{\sqrt{n}} =$$

①ア. $0.07 \pm$ ②エ. $1.960 \dfrac{\sqrt{\text{①}0.07 \times (1 - \text{①}0.07)}}{\sqrt{\text{③}\text{オ. }400}}$

$\fallingdotseq 0.07 \pm 0.025$

よって，信頼区間は④カ. **0.045〜0.095**　となる。

【問9】

「分割表による検定」である。

①✘　分割表の自由度は$(m-1)(n-1)$と計算できるので，この問題の自由度は1となる。よって自由度1のときのX^2値＝3.84と，表のX^2の検定統計値＝9.46と比較するものである。X^2の検定統計値の求め方について，詳しくは71ページを参照。期待度数の表を作成し，X^2の検定統計値を計算すると，

	東北地方	北陸地方	合計
A誌	260×250／450≒144	260×200／450≒116	260
B誌	190×250／450≒106	190×200／450≒84	190
合計	250	200	450

$$X_0^2 = \frac{(160 - 144)^2}{144} + \frac{(90 - 106)^2}{106} + \frac{(100 - 116)^2}{116} + \frac{(100 - 84)^2}{84}$$

$$= 1.78 + 2.42 + 2.21 + 3.05 = \mathbf{9.46}$$

判定すると，$X_0^2 = 9.46 > X^2(1, 0.05) = 3.84$　で，「有意な差はない」とする帰無仮説は有意水準5％で棄却され，A誌とB誌の間には，地方によって購読者数に違いがある。

②✖　分割表の検定では，上記のように，標本数が異なっても統計的な有意な差であるかどうかの確認ができる。

③〇　①より，この問題の自由度は1である。

④✖

【問10】

(1) 題意より，データ表は次の通りとなる。

	適合品	不適合品	合計
A工場	①コ. 190	10	200
B工場	②ク. 180	20	200
合計	370	30	400

(2) 期待度数表を作成する。

	適合品	不適合品	合計
A工場	③200×370／400＝ケ. 185	⑤200×30／400＝カ. 15	200
B工場	④200×370／400＝ケ. 185	⑥200×30／400＝カ. 15	200
合計	370	30	400

(3) 棄却限界値を求める。

自由度 $\phi = (2-1) \times (2-1) = 1$ であるので，有意水準5％のときの値は，X^2表より，X^2(⑦ア. 1, 0.05)＝⑧ウ. 3.84　となる。

(4) 検定統計値 X_0^2 と棄却限界値 X^2 を比較する。【問9】と同様に X^2 の検定統計値を計算すると，$X_0^2 = 3.60$。よって

イ．$X_0^2 = 3.60 < X^2(1, 0.05) = 3.84$　となる。

(5) 判定すると，帰無仮説は棄却されないのでア．「A工場，B工場の不適合品率に違いはない」となる。

86

4章
相関分析・回帰分析

4章では、相関分析と回帰分析を学びます。相関分析では、「相関係数の求め方」、「グラフによる相関の検定」が重要です。また、回帰分析では、「単回帰式」の求め方の習得はもちろんですが、直近の試験では、分散分析表における各要因の変動和を求める設問が出題されるなど、難易度が高まってきています。

第20回（2015年9月6日）から適用の品質管理検定レベル表（Ver.20150130.1）では、2級テストの出題範囲の中で、**「残差の検討《回帰診断》」（定義と基本的な考え方）**が新たに追加されました。

1-1 相関分析

x の連続的な変化に対して、y も連続的に変化する関係があるならば、x と y との間に**相関**があるといいます。この 2 つのデータの関係を調べたいとき、散布図を描けばおおよそのことはわかりますが、より詳しい 2 変数間の関係を解析する方法を**相関分析**といいます。

一般的に、2 変数は横軸を要因変数 x、縦軸を結果変数 y と表します。

変数が 2 つの場合の解析法を**単相関分析**、3 つ以上の変数について関係を解析する方法を**重相関分析**といいます。このテキストでは、単相関分析について述べており、重相関分析については取り扱っておりません。

（1）正の相関

ある変数 x が増大すればするほど、もう一方の変数 y が増大することを「**正の相関**」といいます。

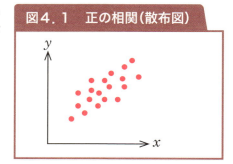

図4.1　正の相関(散布図)

（2）負の相関

ある変数 x が増大すればするほど、もう一方の変数 y が減少することを「**負の相関**」といいます。

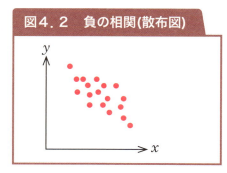

図4.2　負の相関(散布図)

(3)相関がない

ある変数 x が増大しても、もう一方の変数 y は無関係な値をとることを「**相関がない**」といいます。

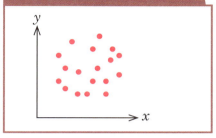

図4．3　相関がない（散布図）

1-2 相関係数

(1)相関係数とは

相関係数とは、2変数間に、どの程度、**直線的**な関係があるかを示す数値で、一般的にrで表します。このrを試料相関係数と呼ぶこともあります。また、3つ以上の変数を扱う重相関係数と区分するために、2つの変数の場合の相関係数を単相関係数と呼ぶこともあります。

相関係数rは、−1から＋1までの間の値をとります。

$-1 \leq r \leq 1$

この相関係数rが＋の場合は**正**の相関、−の場合は**負**の相関があることを示します。また、｜r｜（±を除いたrの数字）が1に近いということは相関関係の**密接**なことを示し、｜r｜が0に近いことは相関関係の**薄い**ことを示しています。

(2)相関係数 r の求め方

一般的に変数 x と変数 y の相関係数 r を求めるために、n組のデータを用いると、次のように表すことができます。

$$r = \frac{S_{xy}}{\sqrt{S_x} \times \sqrt{S_y}}$$

ここで、

S_x は x の平方和。$S_x = \sum x_i^2 - \dfrac{(\sum x_i)^2}{n}$

S_y は y の平方和。$S_y = \sum y_i^2 - \dfrac{(\sum y_i)^2}{n}$

S_{xy} は x と y の(偏差)積和。$S_{xy} = \sum x_i \cdot y_i - \dfrac{(\sum x_i)(\sum y_i)}{n}$

を表しています。

※ $\displaystyle\sum_{i=1}^{n} x_i$ を「$\sum x_i$」と表しています(以下同)。

[例1]次のデータから相関係数 r を求めるには、

　　　変数 x：1　3　5　7　9
　　　変数 y：5　7　10　9　10

まず、下表のような計算表を作成し、以下の式により計算する。

表4.1　計算補助表

	x	y	x^2	y^2	$x \times y$
1	1	5	1	25	5
2	3	7	9	49	21
3	5	10	25	100	50
4	7	9	49	81	63
5	9	10	81	100	90
合計	25	41	165	355	229

$S_x = \sum x_i^2 - \dfrac{(\sum x_i)^2}{n} = 165 - \dfrac{25 \times 25}{5} = 40$

$S_y = \sum y_i^2 - \dfrac{(\sum y_i)^2}{n} = 355 - \dfrac{41 \times 41}{5} = 18.8$

$S_{xy} = \sum x_i \cdot y_i - \dfrac{(\sum x_i)(\sum y_i)}{n} = 229 - \dfrac{25 \times 41}{5} = 24$

よって、相関係数 r は、

$r = \dfrac{S_{xy}}{\sqrt{S_x} \times \sqrt{S_y}} = \dfrac{24}{\sqrt{40} \times \sqrt{18.8}} \fallingdotseq 0.88$

となる。

［例2］ x の平均＝3.0、平方和＝4.0、y の平均＝7.0、平方和＝10.0、x と y の（偏差）積和＝6.0のとき、相関係数 r を求めると、

$$相関係数\ r = \frac{S_{xy}}{\sqrt{S_x} \times \sqrt{S_y}} = \frac{6}{\sqrt{4} \times \sqrt{10}} ≒ 0.95$$ となる。

相関係数 r は、－1から＋1の範囲値をとり、相関の強さは次の目安で判断します。

❶ r ≧ 0.8：**強い相関**がある

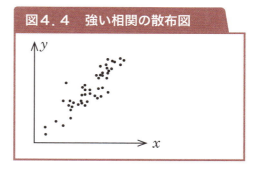

図4.4　強い相関の散布図

❷ 0.8 > r ≧ 0.6：**相関**がある

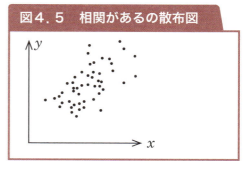

図4.5　相関があるの散布図

❸ 0.6 > r ≧ 0.4：**弱い相関**がある

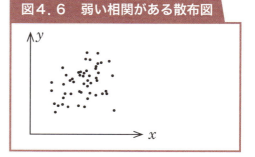

図4.6　弱い相関がある散布図

❹ r＜0.4：ほとんど相関なし

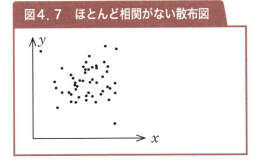

図4.7　ほとんど相関がない散布図

なお、相関係数 r については、下記の2点に留意してください。

❶相関係数 r の値は計算値で求められ、限りなく1に近くても、2つの変数間に因果関係、または理論的な関係が存在する可能性を示すだけなので、強い相関の場合でも、事実調査や理論的検討が必要となる。

❷相関係数 r の値が0に近くても、2つの変数間に関係がないといえない場合がある。その例として、二次関数、指数関数などの関係がある場合がある。

（3）寄与率

相関係数 r を2乗したものを寄与率といいます（または決定係数、r^2 ともいう）。寄与率は0から1の範囲をとり、要因変数Xが結果変数Yに及ぼす影響の大きさを示します。つまり、1に近づくほど x が y に及ぼす影響が大きく、0に近づくほど影響が少ないことを示します。負の値にはなりません。

[例] x の平均＝3.0、平方和＝4.0、y の平均＝7.0、平方和＝12.0、x と y との(偏差)積和＝6.0のとき、相関係数と寄与率を求めると、

相関係数は、

$$r = \frac{x と y の(偏差)積和}{\sqrt{x の平方和} \times \sqrt{y の平方和}}$$

$$= \frac{6}{\sqrt{4} \times \sqrt{12}} = \frac{6}{6.93} ≒ 0.87 \text{（←概数。正確には0.8658…)}$$

寄与率は、相関係数の2乗だから、

$$r^2 = \left(\frac{6}{\sqrt{4} \times \sqrt{12}}\right)^2 = \frac{6^2}{4 \times 12} = 0.75$$

となります。

なお、QC検定試験では、割り算などで端数が出る場合は概数（およその数値）処理でかまいません。理由は、選択肢から最も近い値を選ぶ試験だからです。

1-3 グラフによる相関の検定

4章 相関分析・回帰分析

　対になる2つの変数、要因(x)、特性(y)のグラフがある場合は、これを利用して相関の検定をする方法があります。

　グラフによる相関の検定方法には、xとyのメディアンを利用する**大波の相関**と前のデータからの増減を利用する**小波の相関**があります。次に、それぞれの相関の検定方法を説明します。

（1）大波の相関の検定方法

手順1　次ページの**図4.8**のxとyを対にしたグラフ上に、点の数を上下に2等分するメディアン線を引きます。

手順2　メディアン線の上側にある点に＋、下側にある点に－の符号をつけ、その符号の積の系列をつくります。次にxとyとの積の＋の数n_+と、－の数n_-とを数えます。メディアン線上に点があれば、0と符号をつけ、これは数えないことにします。この例では$n_+ = 8$、$n_- = 1$となります。

手順3　符号検定表(次ページの**表4.2**を参照)と比較して判定します。統計的に相関があるかどうかを判定する表を符号検定表といいます。合計Nに該当する行から、判定数n_sを読み取ります。

　　$N = (n_+) + (n_-)$とし、符号検定表を用いて、

　　$n_+ \leq n_s$のときは、**負の相関**がある。

　　$n_- \leq n_s$のときは、**正の相関**がある。

と判定します。

この場合は$N = 9$、$n_- = 1$であるので、そのときの、$n_s = 1$なので、$n_- \leq n_s$となり、**正の相関**があると判定されます。

図4.8　大波の相関

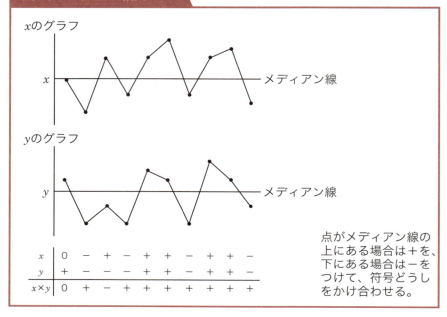

表4.2　符合検定表

データ数 \ α	0.01	0.05
9	0	1
10	0	1
・	・	・
・	・	・
・	・	・
100	・	・

←（α：有意水準）

「符号検定表」とは

　符号検定表は、縦軸にデータ数N、横軸に**有意水準**1％、5％の項目名から構成されており、判定個数（n_s）が明記されている表である。符号のn_+、n_-のうち、小さい方の数と表中の数字とを比較し、この数字より小さいか、または、等しければ有意と判定する。通常は**5％**を用いて判定する。

（2）小波の相関の検定方法

手順1 x、yのそれぞれのグラフの点において、ひとつ前のデータから大きくなった場合には＋を、小さくなった場合には－をつけます。ただし、データの増減のない場合には0と記入しておきます。

手順2 xとyにつけた＋、－の符号の積を求め、n_+、n_-の個数を求めます。ただし、0がついた点については、これは数えないことにします。

手順3 符号検定表(**表4.2**)と比較して検討します。
下記の例では、$n_+ = 8$、$n_- = 1$なので、$N = 9$のとき$n_s = 1$より、$n_- \leq n_s$となり、**正の相関**があることがわかります。

図4.9 小波の相関

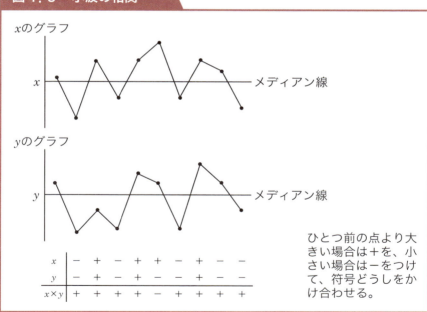

ひとつ前の点より大きい場合は＋を、小さい場合は－をつけて、符号どうしをかけ合わせる。

チェック問題

[問1] 2つの変数 x と y との関係の強さを示す指標のひとつに相関係数 r がある。この相関係数 r を求める式を選択肢から選べ（x の平方和を S_x，y の平方和を S_y，x と y の(偏差)積和を S_{xy} とする）。

【選択肢】 ア．$\dfrac{S_{xy}}{S_x S_y}$　　イ．$\dfrac{(S_{xy})^2}{S_x S_y}$　　ウ．$\dfrac{S_{xy}}{\sqrt{S_x} \times \sqrt{S_y}}$

正解　**ウ**

[問2] 相関係数 r のとりうる範囲として正しいものを，下の選択肢からひとつ選べ。

【選択肢】 ア．$0 \leqq r \leqq 1$　　イ．$-1 \leqq r \leqq 1$　　ウ．$-2 \leqq r \leqq 2$

正解　**イ**

[問3] 次の文章で正しいものには○，正しくないものには×を記せ。

① 2つの変数 x と y の相関係数が高い場合であっても，必ずしも因果関係があるとはいえない。

② 2つの変数 x と y の相関係数が0の場合には，両者にはまったく関係がない。

③ 相関係数のとりうる値の最小値は0である。

正解　**①○　②×　③×**

[問4] 2つの変数（x，y）の20組のデータを採取し，次の値を求めた。$\Sigma x = 300$，$\Sigma y = 1100$，$\Sigma x^2 = 7500$，$\Sigma y^2 = 70000$，$\Sigma xy = 21000$ であったとき，以下の設問に答えよ。

① x の平方和 S_x を求めよ。

② y の平方和 S_y を求めよ。

③ x と y との(偏差)積和 S_{xy} を求めよ。

④ x と y の相関係数 r を求めよ。

正解　**①3000　②9500　③4500　④0.84**

[問5] 2つの変数 x と y の相関係数を求めるために，下記のようにデータを変換したとする。

　$X = 10(x-3)$，$Y = -10(y-30)$

そして，変換した X の平方和，Y の平方和，X と Y の(偏差)積和を求めると次の結果が得られたとき，変換前の $S(xx)$，$S(yy)$，$S(xy)$ を求めよ。

　$S(XX) = 3665$，$S(YY) = 4679$，$S(XY) = 3198$

正解　**$S(xx)\cdots36.65$　$S(yy)\cdots46.79$　$S(xy)\cdots-31.98$**

[問6] 2つの特性 x と y の相関係数を求めたい。そこで，X＝10(x－3.5)，Y＝－10(y－5.5)と変換してXとYの相関係数を求めたところ，0.96であった。このとき，変換前の x と y の相関係数を，下の選択肢からひとつ選べ。

【選択肢】　ア．0.96　　イ．－0.96　　ウ．これだけの情報ではわからない

正解　**イ**

解　説

【問1】相関係数 $r = \dfrac{S_{xy}}{\sqrt{S_x} \times \sqrt{S_y}}$ なので，正解は**ウ**となる。

【問2】
相関係数 r のとりうる範囲は，**－1≦r≦1** なので，正解は**イ**となる。

【問3】
①相関係数 r の値が高くても，それが見せかけ上の相関となって変数間に因果関係がない場合がある。このような場合を「疑似相関」と呼んでいる。相関係数が高くても２つの変数間に因果関係があるとは限らない。強い相関の場合でも，事実調査や理論的検討が必要である。よって，正解は**○**。

② r の値が限りなく０に近くても，２つの変数間 x y に関係がないとはいえない場合がある。図４.10のような散布図の場合，x と y の相関係数は０になるが，しかし，二次関数の関係がある場合がある。よって，正解は**×**。

図４.10　二次曲線

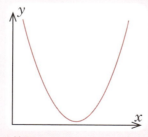

③相関係数 r のとりうる範囲は，－1≦r≦1なので，最小値は－1となる。よって，正解は**×**。

【問4】

①$S_x = \sum x^2 - \dfrac{(\sum x)^2}{n} = 7500 - \dfrac{300 \times 300}{20} = \mathbf{3000}$

②$S_y = \sum y^2 - \dfrac{(\sum y)^2}{n} = 70000 - \dfrac{1100 \times 1100}{20} = \mathbf{9500}$

③$S_{xy} = \sum x \cdot y - \dfrac{(\sum x)(\sum y)}{n} = 21000 - \dfrac{300 \times 1100}{20} = \mathbf{4500}$

④$r = \dfrac{S_{xy}}{\sqrt{S_x} \times \sqrt{S_y}} = \dfrac{4500}{\sqrt{3000} \times \sqrt{9500}} \fallingdotseq \mathbf{0.84}$

【問5】

x は10，y は－10をかけてデータの変換を行っているので，元へ戻しておく必要がある。平方和はデータを2乗しているので，変換したX，Yの平方和は元のデータの100倍となっている。したがって，元に戻すときは，x は10^2，y は$(-10)^2$で割ってやればよい。ただし，S(xy)は(-10)のために符号が変わることに注意が必要である。

$S(xx) = 3665 \times \left(\dfrac{1}{10}\right)^2 = \mathbf{36.65}$

$S(yy) = 4679 \times \left(-\dfrac{1}{10}\right)^2 = \mathbf{46.79}$

$S(xy) = 3198 \times \dfrac{1}{10} \times \left(-\dfrac{1}{10}\right) = \mathbf{-31.98}$

【問6】

$S_x = S_X \times \left(\dfrac{1}{10}\right)^2$

$S_y = S_Y \times \left(-\dfrac{1}{10}\right)^2$

$S_{xy} = S_{XY} \times \left(\dfrac{1}{10}\right) \times \left(-\dfrac{1}{10}\right)$　となる。

ここで，変換後のXとYの相関係数は0.96であったことから，

$0.96 = \dfrac{S_{XY}}{\sqrt{S_X} \times \sqrt{S_Y}} = \dfrac{S_{xy} \times 10 \times (-10)}{\sqrt{S_x \times 10^2} \times \sqrt{S_y \times (-10)^2}} = \dfrac{-S_{xy}}{\sqrt{S_x} \times \sqrt{S_y}}$

よって，x，y の相関係数は**－0.96**なので，正解は**イ**となる。

2-1 回帰分析

　散布図にプロットした多くの点（２つの変数による値）を線で代表させることを回帰といいます。回帰とは平均に帰るという意味があります。

　一般的に変数 x を説明変数、y を目的変数としています。

　説明変数が１つの場合は単回帰、２つ以上の場合は重回帰と呼んでいます。この近似式を導き出すための分析方法を回帰分析といいます。

　ＱＣ検定２級の対象は単回帰分析が試験範囲となっていますので、説明変数が１つの単回帰を学習していきます。

　ここでは、説明変数 x の各水準の測定値 y に繰り返しがない場合の回帰分析を対象としています。なお、説明変数 x の各水準の測定値 y に繰り返しがある場合の回帰分析は過去に１級の試験問題として出題されていますので、このテキストの適用範囲外として扱います。

2-2 単回帰分析の考え方

（１）回帰に関するデータの構造模型

　変数 x に対して、実測値 y の母平均 $E(y_i)=\mu_i$ が

$$\mu_i = \alpha + \beta x_i$$

となる直線関係にあるとします。

　しかし、実際には、実測値 y_i は必ずしも直線上にはなく、次ページ**図4.11**の×印のように直線からずれてきます。その残差変量（×印）を ε_i とすると、回帰に関するデータ構造モデルは、

$$y_i = \alpha + \beta x_i + \varepsilon_i$$

で表されます。

　α は常数（切片）、β は母回帰係数を表しています。また、ε_i は正規母集団 $N(0,\sigma^2)$ からお互いに独立な変量だと仮定します。言い換えると、x_i の水準にかかわらず y 方向のばらつき：σ^2 は等しく、y の母平均 $E(y_i)=\mu_i$ の回りに正規分布していることと仮定したことになります。

図4.11 母回帰線と x の各水準における y の母集団の分布

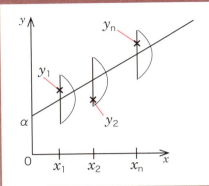

実測値 y_i は必ずしも直線上にはなく、左の×印のようにずれている。

（2）最小二乗法

α、β は未知なので、その推定値を a、b とすればデータ構造モデルは
$$y_i = a + bx_i + e_i$$
と表されます。このときの e_i を**残差**といいます。
$$e_i = \{y_i - (a + bx_i)\}$$
この残差が小さいほど望ましいので、この残差の2乗和が最小になるよう、a、b を求める方法が**最小二乗法**です。a、b を求めると

a ＝ y の平均値 － b ×（x の平均値）

$$b = \frac{S_{xy}}{S_x}$$

となります。a は $x=0$ のときの y の値で**切片**といい、b は**回帰係数**といいます。回帰式は、

$y = a + bx$ となります（右の**図4.12**参照）。

図4.12 x に対する y の回帰式

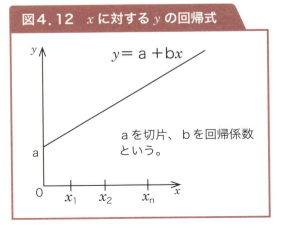

a を切片、b を回帰係数という。

（3）変動の分解

回帰式は、$y - \bar{y} = b(x - \bar{x})$ と書くこともできます。この回帰式は、$(\bar{x}, \bar{y})$ を通ります。

データは回帰直線の周りにばらつきますので、回帰直線により、x_i における y_i の母平均の推定値 $\hat{\mu}_i$、は次の式で表されます。

$\hat{\mu}_i = \bar{y} + b(x_i - \bar{x})$

また、実測値は回帰線上にないので、総変動 S_T は次のように分解されます。

実測値の変動　　$(S_T) = (y_i - \bar{y})$ の平方和
回帰による変動 $(S_R) = (\hat{\mu}_i - \bar{y})$ の平方和
残差による変動 $(S_E) = (y_i - \hat{\mu}_i)$ の平方和

これら変動の間には、

$S_T = S_E + S_R$ の関係が成り立ちます（下の**図4.13**参照）。

$S_R = \Sigma(\hat{\mu}_i - \bar{y})^2 = \Sigma\{\bar{y} + b(x_i - \bar{x}) - \bar{y}\}^2 = b^2 S_x$

$b = \dfrac{S_{xy}}{S_x}$ なので、

$S_R = \dfrac{(S_{xy})^2}{S_x}$

$S_E = S_T - S_R = S_y - \dfrac{(S_{xy})^2}{S_x}$

となり、y の総変動が回帰による変動と残差変動に分解されたことを示しています。

図4.13　変動の分解

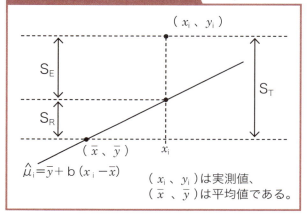

(x_i, y_i) は実測値、$(\bar{x}, \bar{y})$ は平均値である。

このように、線型の変動を伴う場合には、変動を「**回帰による変動**」と「**残差**」とに分解することができます。そして、平方和を自由度で除してそれぞれの不偏分散を求め、回帰による不偏分散と残差の不偏分散とを比較して、F検定を行い、有意であれば、直線的な関係を考えることは**意味のあることだ**と判定し、回帰式を推定します。

次の項で、分散分析の手順を説明します。

2-3 | 単回帰分析（分散分析）の手順

分散分析は、説明変量 x と実測値 y との間に、グラフにしたときに**直線的**な関係が予想されたとき、回帰に意味があるかどうかの検定と、検定の結果意味があった場合、回帰係数の推定を行うものです。

表4.3　データ表

標　本	説明変量 x	実測値 y
1	x_1	y_1
2	x_2	y_2
$\vdots$	$\vdots$	$\vdots$
n	x_n	y_n

※ i ＝ 1、2、3、...、n とする。

手順1　各平方和を求めます。

まず、総変動（S_T）を求めます。

$$S_T = S_y$$

次に、回帰による変動（S_R）を求めます。

$$S_R = \frac{(S_{xy})^2}{S_x}$$

続いて、残差による変動（S_E）を求めます。

$$S_E = S_y - \frac{(S_{xy})^2}{S_x}$$

手順2　各自由度を求めます。

全体の自由度（ϕ_T）は、　$\phi_T = $ 総データ数 $- 1 = n - 1$

回帰による自由度（ϕ_R）は、　$\phi_R = 1$

回帰からの自由度（ϕ_e）は、　$\phi_e = n - 2$

手順3　各不偏分散（V）と分散比（F_0）を求めます。

分散（V）は、$V_R = \dfrac{S_R}{\phi_R} = S_R$

$$V_e = \dfrac{S_E}{\phi_e} = \dfrac{S_E}{n-2}$$

分散比（F_0）は、$F_0 = \dfrac{V_R}{V_e}$

手順4　求めた数値から、次のような分散分析表を作成します。

表4．4　分散分析表

	平方和	自由度	不偏分散	分散比
回帰	S_R	1	$V_R = S_R$	
残差	S_E	$n - 2$	$V_e = \dfrac{S_E}{n-2}$	$F_0 = \dfrac{V_R}{V_e}$
計	S_T	$n - 1$		

手順5　分散分析の結果を判定します。

ここで得た分散比 $F_0 = \dfrac{V_R}{V_e}$ とF表の $F(1、n-2：\alpha)$ の値と比べます。

分散比 $F_0 = \dfrac{V_R}{V_e} >$ F表の $F(1、n-2：\alpha)$　であれば、回帰による変動が残差による変動よりも全変動に与える影響が大きいので、回帰直線は予測に役立つといえます。すなわち、「直線的な関係を考えることは**意味のあることだ**」と判定します。

この検定は

　帰無仮説 $H_0：\beta = 0$　→ y と x は関係がない

　対立仮説 $H_1：\beta \neq 0$、もしくは $\beta > 0$、$\beta < 0$　→ y と x は関係がある

を行っていることになります。もし、この仮説が正しいならば、すなわち、母集団において、この変数 x の影響力を定義する β がゼロであるならば、　$y = \alpha + \beta x = \alpha$

となり、どのような x の値を入れても、 y の値は常に α ということになります。つまり、 x と y の間には関係が**ない**ということを意味することになります。もし、 β がゼロより有意に大きければ、 x の値が一単位変化するにつれ、 y の値は β 分ずつ変化することになります。

手順6　回帰係数の推定を行います。
　　　　　回帰による変動が**有意**となった場合、次に回帰係数の推定を行います。
　　　　　回帰係数の推定値 a 、 b は次の通りです。

　　　　　回帰係数 b ： $b = \dfrac{S_{xy}}{S_x}$

　　　　　切片 a　　　： a ＝ y の平均値－ b ×（ x の平均値）
　　　　　また、求める回帰式は次のようになります。
　　　　　　　$y = a + b\,x$

[例]標本数は９組のデータで、 x の平均が3.0、平方和が9.0、 y の平均が7.0、平方和5.0、 x と y との（偏差）積和が6.0のとき、次ページの分散分析表を作成して、回帰に意味があるかどうかの検定と、検定の結果、意味があった場合には、回帰係数の推定を行う。

手順1　各平方和を求める。
　　　　　まず、総変動（S_T）を求める。　$S_T = S_y = 5.0$
　　　　　次に、回帰による変動（S_R）を求める。

$$S_R = \frac{(S_{xy})^2}{S_x} = \frac{36}{9} = 4$$

　　　　　続いて、残差による変動（S_E）を求める。

$$S_E = S_y - \frac{(S_{xy})^2}{S_x} = 1$$

手順2　各自由度を求める。
　　　　　全体の自由度（ϕ_T）は、　　　$\phi_T = n - 1 = 8$
　　　　　回帰による自由度（ϕ_R）は、　$\phi_R = 1$
　　　　　回帰からの自由度（ϕ_e）は、　$\phi_e = n - 2 = 7$

手順3 各不偏分散（V）と分散比（F_0）を求める。

分散（V）は、$V_R = \dfrac{S_R}{\phi_R} = 4$

$$V_e = \dfrac{S_E}{\phi_e} = \dfrac{1}{7} = 0.14$$

分散比（F_0）は、$F_0 = \dfrac{V_R}{V_e} \fallingdotseq 28.6$

手順4 求めた数値から、次のような分散分析表を作成する。

表4.5　分散分析表

	平方和	自由度	不偏分散	分散比
回帰	4	1	4	
残差	1	7	0.14	$F_0 = 28.6$
計	5	8		

手順5 分散分析の結果を判定する。

ここで得た分散比 $F_0 = 28.6$ と、F表のF（1、7：0.05）＝5.59と比べる。

$F_0 = 28.6 >$ F（1、7：0.05）＝5.59で、回帰による変動が残差による変動よりも総変動に与える影響が大きいので、回帰直線は予測に役立つといえる。すなわち、「直線的な関係を考えることは**意味のあることだ**」と判定する。

手順6 回帰式を推定する。

手順1〜5から、回帰による変動が有意となったので、次に回帰式の推定を行う。

回帰式を　$y = a + bx$ とすると、

回帰係数b：$b = \dfrac{S_{xy}}{S_x} = \dfrac{6}{9} \fallingdotseq 0.67$

切片a　　：$a = y$ の平均値 $- b \times (x$ の平均値$)$

$$= 7 - 0.67 \times 3 = 4.99$$

となり、回帰式は　$y = 4.99 + 0.67x$ の一次関数となる。

2-4 残差の検討

回帰分析で得られた回帰式がどの程度の精度であるかを表す指標として、**寄与率**があります。**寄与率**は「総変動の内で、回帰による変動の割合」をRで表し、次の式で求めることができます。

$$\text{寄与率}(R) = \frac{S_R(\text{回帰による変動})}{S_T(\text{総変動})}$$

このRの値は0から1までの値を取ります。また、値が大きいほど回帰式に意味があり、1に近いほど回帰式の当てはまりがよい(回帰直線に近似した分布になる)ことになります。試しに**表4.5 分散分析表**の**寄与率**(R)を求めると、

$$R = \frac{4}{5} = 0.8 \quad \text{となります。}$$

また、**寄与率**は、92ページにもあるように、相関係数(r)の2乗に一致しています。

寄与率だけでなく、**残差**の大きさも検討する必要があります。**残差**とは、目的変数(y)の値と回帰式によって予測したyの値との差のことをいいます。

残差=実際のyの値ー予測したyの値

残差に関しては、次のことを検討します。
①**残差**が正規分布に従っているのかどうか　→　ヒストグラム
②**残差**と説明変数(x)は無関係かどうか　　→　散布図
③**残差**の時間的変化にクセがあるかどうか　→　折れ線グラフ

チェック問題

赤シートで正解を隠して問題を解いてください。

4章

相関分析・回帰分析

[問1] 2つの変数 x, y について n=15の標本をとり，その結果は表（省略）のとおりであった。そこで，この表から以下の統計量が求められた。

x の平均値 $\bar{x}=25.0$, y の平均値 $\bar{y}=10.0$,

x の平方和 $S_x=1500$, y の平方和 $S_y=70$,

x と y の(偏差)積和 $S_{xy}=150$

このとき，次の設問(1)〜(4)の①〜⑫を埋めよ。選択肢があるものはそこから選べ。

(1)得られたデータから，最小二乗法によりあてはめると，回帰式は

$y_i = \beta_0 + \beta_1 x_i$ となる。

このとき，回帰係数の推定値 $\hat{\beta_1}=$ ⑤ ，切片 $\hat{\beta_0}=$ ② となる。

(2)次の分散分析表を完成させよ。

〈表4.6　分散分析表〉

	平方和	自由度	不偏分散	分散比
回帰	③	⑤	⑧	
残差	④	⑥	⑨	⑩
計	70	⑦		

(3)有意水準5％でF表より棄却限界値を求めると，

$F($ ⑤ , ⑥ $; 0.05)=$ ⑪ となる。

(4)検定の判定は， ⑫ 。

【選択肢】

ア．有意となったので，回帰に意味がある

イ．有意とならなかったので，回帰に意味がない

正解	①0.1	②7.5	③15	④55	⑤1	⑥13
	⑦14	⑧15	⑨4.23	⑩3.55	⑪4.67	⑫イ

107

[問2] 2つの変数 x と y に直線的な関係が予想されるので，x の値を変え，9回の実験を行ったところ，これを散布図（省略）にプロットすると直線的な関係が読み取れ，また，9回のデータから以下の統計量が求められた。

 x の平均値 $\bar{x} = 20.0$，　y の平均値 $\bar{y} = 200.0$，

 x の平方和 $S_x = 100.0$，　y の平方和 $S_y = 7000.0$，

 x と y の（偏差）積和 $S_{xy} = 700$

このとき，次の設問（1）～（5）に答えよ。

（1）次の分散分析表を完成せよ。

〈表4.7　分散分析表〉

	平方和	自由度	不偏分散	分散比
回帰	①	③	⑥	
残差	②	④	⑦	⑧
計	⑨	⑤		

正解　①4900　②2100　③1　④7　⑤8
　　　⑥4900　⑦300　⑧16.33　⑨7000

（2）次の⑩と⑪にあてはまるものを，選択肢からひとつずつ選べ。

 得られた分散分析表では，母回帰係数 β としたときに，

  帰無仮説　H_0：⑩

  対立仮説　H_1：⑪　　の検定を行っていることになる。

【選択肢】

ア．$\beta > 0$　　イ．$\beta < 0$　　ウ．$\beta \neq 0$　　エ．$\beta = 0$

正解　⑩エ　　⑪ウ

（3）有意水準5％のときの棄却限界値を，F表より求めよ。

【選択肢】

ア．$F(1, 7 ; 0.05) = 5.59$　　イ．$F(1, 8 ; 0.05) = 0.05$

ウ．$F(2, 7 ; 0.05) = 4.74$　　エ．$F(2, 8 ; 0.05) = 4.46$

正解　ア

（4）次の ☐ にあてはまるものを，選択肢からひとつ選べ。

　　検定の判定は ☐ 。

【選択肢】

ア．有意となったので，回帰に意味がある

イ．有意とならなかったので，回帰に意味がない

　正解　**ア**

（5）回帰直線の式を求めよ。

　正解　$y = 60 + 7x$

[問3] 回帰に関するデータ構造モデルは，$y_i = \alpha + \beta x_i + \varepsilon_i$ で表わされる。α は常数（切片），β は母回帰係数を表している。また，残差変量 ε_i は正規母集団 $N(0、\sigma^2)$ に従い，i が異なれば互いに独立な変量だと仮定する。

10組のサンプルの統計量は，下記の通りである。

　$\bar{x} = 10$，$S_x = 100$，$\bar{y} = 60$，$S_y = 1700$，$S_{xy} = 400$

このとき，次の設問（1）～（5）に答えよ。

（1）β の最小二乗法による推定値を b とするとき，b の値を求めよ。

（2）α の最小二乗法による推定値を a とするとき，a の値を求めよ。

（3）寄与率（決定係数）を求めよ。

（4）残差平方和 S_E を求めよ。

（5）残差標準偏差 S_e を求めよ。

　正解　（1）**4**　　（2）**20**　　（3）**0.94**　　（4）**102**　　（5）**3.57**

[問4] ある製造工程において，工程の条件を表す変数 x と品質特性を表す y との関係を調べるため，ランダムに9個抜き取り，次のデータが得られた。最初に散布図を描いたが，とくに異常な点は見つからなかった。このとき，次の各設問の①〜⑤に入る最も近い数値を選択肢からひとつずつ選べ。ただし，各選択肢を複数回用いてもよいものとする。

〈表4.8 計算補助表〉

	x	y	x^2	y^2	xy
1	1	2	1	4	2
2	3	3	9	9	9
3	3	4	9	16	12
4	4	4	16	16	16
5	4	5	16	25	20
6	6	7	36	49	42
7	6	5	36	25	30
8	5	4	25	16	20
9	7	8	49	64	56
	39	42	197	224	207

〈図4.14 x と y の散布図〉

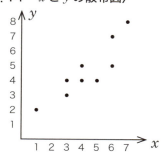

上記データより， $\bar{x}=4.33$, $\bar{y}=4.67$, $S_x=28$, $S_y=28$, $S_{xy}=25$ の統計量を得た。

(1) x と y の相関係数 r は ① となる。

(2) x を説明変数，y を目的変数として回帰直線を最小二乗法 $y = a + bx$ で求めると，傾きbに相当する回帰係数は ② となる。

（3）また，回帰直線 $y = a + bx$ の切片に相当するaは ③ となる。

（4）回帰直線の寄与率は ④ となる。

（5）変数 $x = 3$ のとき， y の点推定は ⑤ と予想される。

【選択肢】

ア.0.50　　**イ**.0.64　　**ウ**.0.80　　**エ**.0.82
オ.0.84　　**カ**.0.89　　**キ**.3.24　　**ク**.3.49

正解　①**カ**　　②**カ**　　③**エ**　　④**ウ**　　⑤**ク**

[問5] 残差の検討に関する次の文章において，空欄①～⑤にあてはまる最も適切な語句を選択肢から選べ。ただし，各選択肢を複数回用いることはない。

　回帰分析で得られた回帰式がどの程度の精度かを表す指標として寄与率がある。寄与率（R）は次の式で求められる。

$$R = \frac{①}{②}$$

　残差に関しては次のことを検討する。「残差のゆがみを調べるために ③ をつくる」「残差の時間的変化にクセがあるかどうかを調べるために ④ プロットをつくる」「残差と説明変数の関係を調べるために ⑤ をつくる」

【選択肢】

ア．折れ線グラフ　　**イ**．パレート図　　**ウ**．ヒストグラム
エ．行列　　　　　　**オ**．散布図　　　　**カ**．残差による変動
キ．総変動　　　　　**ク**．回帰による変動

正解　①**ク**　②**キ**　③**ウ**　④**ア**　⑤**オ**

解　説

【問1】

① : $\hat{\beta}_1 = \dfrac{S_{xy}}{S_x} = \dfrac{150}{1500} = 0.1$

② : $\hat{\beta}_0 = \bar{y} - \hat{\beta}_1 \times \bar{x} = 10 - 0.1 \times 25 = 7.5$

③ : 回帰による平方和 $= \dfrac{(S_{xy})^2}{S_x} = \dfrac{150 \times 150}{1500} = 15$

④ : 残差平方和 $= 70 - 15 = 55$

⑤ : 回帰による自由度 $= 1$

⑥ : 残差自由度 $= 13$

⑦ : 全体自由度 $= 14$

⑧ : 回帰による不偏分散 $= \dfrac{15}{1} = 15$

⑨ : 残差不偏分散 $= \dfrac{55}{13} = 4.23$

⑩ : 分散比 $= \dfrac{15}{4.23} \fallingdotseq 3.55$

⑪ : $F(1, 13 ; 0.05) = 4.67$

⑫ : $F_0 = 3.55 < F(1, 13 ; 0.05) = 4.67$　より，**イ．有意とならなかっ**たので、回帰に意味がない

【問2】

(1)　① : 回帰による平方和 $= \dfrac{(S_{xy})^2}{S_x} = \dfrac{700 \times 700}{100} = 4900$

　　② : 残差平方和 $= S_y - S_R = 2100$

　　③ : 回帰による自由度 $= 1$

　　④ : 残差自由度 $= 7$

　　⑤ : 全体自由度 $= 8$

　　⑥ : 回帰による不偏分散 $= \dfrac{4900}{1} = 4900$

　　⑦ : 残差不偏分散 $= \dfrac{2100}{7} = 300$

⑧：分散比 $= \dfrac{4900}{300} \fallingdotseq 16.33$

⑨：総平方和 $= S_T = 7000$

①～⑨の数値を表4.7分散分析表にあてはめると，次のようになる。

	平方和	自由度	不偏分散	分散比
回帰	4900	1	4900	
残差	2100	7	300	16.33
計	7000	8		

（2）　帰無仮説　H_0：$\beta = 0$　　　対立仮説　H_1：$\beta \neq 0$

（3）　F表より，**ア．F（1，7；0.05）= 5.59**

（4）　$F_0 = 16.33 >$ F（1，7；0.05）= **5.59**　となり，
ア．有意となったので、回帰に意味がある　となる。

（5）　回帰式を　$y = a + bx$ とすると，

回帰係数b：$b = \dfrac{S_{xy}}{S_x} = \dfrac{700}{100} = 7$

切片a　　：$a = y$ の平均値 $- b \times (x$ の平均値$)$
$= 200 - 7 \times 20 = 60$

となり，回帰式は，$y = 60 + 7x$　となる。

【問3】

（1）$b = \dfrac{S_{xy}}{S_x}$ である。よって，$b = \dfrac{400}{100} = 4$　となる。

（2）$a = y - b \times x$ である。よって，$a = 60 - 4 \times 10 = 20$　となる。

（3）寄与率 $= 1 - \dfrac{S_E}{S_T} = \dfrac{S_R}{S_T} = R^2$（決定係数）

R^2（決定係数）$= r^2$（相関係数）

$R^2 = \dfrac{(S_{xy})^2}{S_x \times S_y} = \dfrac{400 \times 400}{100 \times 1700} \fallingdotseq 0.94$　となる。

（4）残差平方和 S_E は，$1 - \dfrac{S_E}{S_y} = R^2$（決定係数）より，

$S_E = (1 - R^2) \times S_y = (1 - 0.94) \times 1700 = 102$　となる。

（5）残差標準偏差s_eは

$$s_e = \sqrt{\frac{S_E}{n-2}} \quad \text{である。よって、} \ s_e = \sqrt{\frac{102}{8}} \fallingdotseq 3.57 \quad \text{となる。}$$

【問4】

（1）xとyの相関係数 r の式は、 $r = \dfrac{S_{xy}}{\sqrt{S_x}\sqrt{S_y}}$

$$S_x = \Sigma_x{}^2 - \frac{(\Sigma_x)^2}{n} = 197 - \frac{39 \times 39}{9} = 28$$

$$S_y = \Sigma_y{}^2 - \frac{(\Sigma_y)^2}{n} = 224 - \frac{42 \times 42}{9} = 28$$

$$S_{xy} = \Sigma\, x \cdot y - \frac{(\Sigma_x)(\Sigma_y)}{n} = 207 - \frac{39 \times 42}{9} = 25$$

$$r = \frac{25}{\sqrt{28}\sqrt{28}} \fallingdotseq 0.89 \quad \text{よって、正解は}\textbf{カ}\text{。}$$

（2）$b = \dfrac{S_{xy}}{S_x} = \dfrac{25}{28} \fallingdotseq 0.89$ 　よって、正解は**カ**。

（3）$a = \bar{y} - 0.89 \times \bar{x} = 4.67 - 0.89 \times 4.33 \fallingdotseq 0.82$ 　よって、正解は**エ**。

（4）寄与率は相関係数 r の2乗なので、

$$r^2 = \frac{(S_{xy})^2}{S_x \times S_y} = \frac{25 \times 25}{28 \times 28} \fallingdotseq 0.80 \quad \text{よって、正解は}\textbf{ウ}\text{。}$$

（5）$x = 3$のとき、 $y = 0.82 + 0.89 \times 3 = 3.49$ 　よって、正解は**ク**。

【問5】

①②寄与率＝ $\dfrac{\textbf{ク．回帰による変動}}{\textbf{キ．総変動}}$

③残差の**ウ.ヒストグラム**（度数分布図）で,ゆがみなどの有無を確認します。

④残差を時系列に並べて打点した**ア．折れ線グラフ**で、測定の順番による影響を確認します。

⑤残差と説明変数（x）の**オ．散布図**で、そこに何らかの傾向がないかどうかを確認します。

5章
実験計画法

　5章では、実験計画法を勉強します。この科目は2級試験に毎回出題されており、合否を分ける重要な科目です。「分散分析表」が作成できるまでの知識習得を目ざしましょう。なお、この章の記載内容は、QC検定2級の試験範囲で発表されている二元配置実験までとしています。

1 | 実験計画法とは

　実験計画法とは、実験を効率的に行う方法です。イギリスの統計学者ロナルド・フィッシャーが農業試験のために考案したのが最初といわれています。

　工場で、ある製品の機械的性質の向上を目的とする品質実験を行うことを考えたときに、技術者は、これまで培ってきた技術や経験、知識などから、要因を「原材料の種類」「作業条件(処理温度)」「作業条件(処理スピード)」などに絞り込みます。実験結果に影響を与えると考えて絞り込み、品質実験で比較したい要因を因子といいます。なお、各因子はいくつかの条件から成り立っているものとします。

　また、たとえば、

原材料の種類：A_1、A_2

作業条件(処理温度)：30℃、40℃、50℃

作業条件(処理スピード)：2cm／秒、3cm／秒

のように、各因子の持つ条件を水準といいます。

　品質実験で、たとえばとくに「原材料の差」が品質の向上に大きく影響していると考えて、「原材料の種類」という1つの因子のみを取り上げて実験する場合は、これを一元配置実験(一元配置法)といいます。

　また、「原材料の種類」「作業条件(処理温度)」のように、2つの因子を重要だと考えて行う実験を二元配置実験(二元配置法)といいます。さらに、多くの因子を取り上げて行う実験を多元配置実験といいます。

2 | フィッシャーの三原則とは

　フィッシャーは、実験の精度を高めるために次の**3つの原則**(「フィッシャーの三原則」という)を提案しています。

(1)反復の原則：観測誤差の評価

　実験を行うとき、1回だけの観測では「その観測値が真の値からどれくらい離れて観測されたのか」という実験の誤差を評価することは難しいものです。

ですが、2回以上観測すれば、観測値のばらつきの度合いを見ることによって、「真の値からの変動がどれくらいあるのか」という実験の誤差の大きさを評価できます。このように、同じ条件での観測値が多ければ多いほど、観測値が得られている状況を知ることができます。

（2）無作為の原則：系統誤差の偶然誤差への転化

実験の順序によって生じる、なれ（系統誤差）※などを除去するために、実験結果が一定方向にかたよらないよう、実験の順序を無作為に決める、というものです。

※系統誤差とは、測定結果にかたよりを与える原因によって生じる誤差をいう（JIS Z 8103）。

（3）局所管理の原則

水準間の比較を精度よく行うために「実験の場」をまとめて、その中で、比較したいものを完全無作為な順序で行う、というものです。同じような「実験の場」をブロックといいます。

3 因子の種類

因子（品質実験で比較したい要因）には、「制御因子」「標示因子」「誤差因子」の3種類があります。

（1）制御因子

生産の場において、水準の指定も選択も可能なもので、最適な水準を選ぶ目的で取り上げる因子をいいます。

（2）標示因子

その最適条件を知ることは直接の目的ではないけれども、この因子の水準が異なると、他の（制御）因子の最適条件が変わるおそれがある（交互作用がある）ために実験に取り上げる因子です。実験の場では制御されなければなりませんが、適用の場では必ずしも制御できるわけではありません。

（3）誤差因子

　生産の場において、実験結果がばらつく原因となっている条件で、その条件をコントロールできない因子をいいます。

4 | 代表的な実験計画の型

　ここでは、先に述べた「**一元配置**」「**二元配置**」「**多元配置**」について説明します。

（1）一元配置

　1つの因子 A について、水準として A_1、A_2、……、A_a を選び、それぞれ観測数 n 回の実験をランダムに行います。

[例]水準の数 a ＝ 3、実験の観測数 n ＝ 3 の場合。

　　A_i における j 個目のデータ x_{ij} は、次の構造式で観測されると考える。

　　データ＝総平均　　＋処理 A_i の効果　＋誤差

　　x_{ij}　　＝ μ　　　　＋ α_i　　　　　　＋ ε_{ij}

表5.1　データ表

繰り返し ＼ 水準	A_1	A_2	A_3
1	x_{11}	x_{21}	x_{31}
2	x_{12}	x_{22}	x_{32}
3	x_{13}	x_{23}	x_{33}

（2）二元配置

　2つの因子 A、B について、それぞれ a 個の水準、b 個の水準を選び、全部で a×b 個の組み合わせの実験をランダムに行います。

[例1]繰り返しがない場合：水準の数 a ＝ 3、b ＝ 4。

　　　A の第 i 水準、B の第 j 水準を組み合わせた水準のもとで行った実験のデータ x_{ij} は、次の構造式で観測されると考える。

データ＝総平均＋処理A_iの効果 ＋処理B_jの効果 ＋誤差

x_{ij} $=\mu$ $+\alpha_i$ $+\beta_j$ $+\varepsilon_{ij}$

表5.2　データ表

因子B ＼ 因子A	A_1	A_2	A_3
B_1	x_{11}	x_{21}	x_{31}
B_2	x_{12}	x_{22}	x_{32}
B_3	x_{13}	x_{23}	x_{33}
B_4	x_{14}	x_{24}	x_{34}

[例2]繰り返しがある場合：水準の数 a ＝3、b＝4、繰り返しの数＝2回。
Aの第 i 水準、Bの第 j 水準を組み合わせた水準のもとで行った k 番目
の実験のデータ x_{ijk}は、次の構造式で観測されると考える。

データ＝総平均＋処理A_iの効果＋処理B_jの効果＋A_iB_jの交互作用＋誤差

x_{ij} $=\mu$ $+\alpha_i$ $+\beta_j$ $+(\alpha\beta)_{ij}$ $+\varepsilon_{ijk}$

表5.3　データ表

因子B ＼ 因子A	A_1	A_2	A_3
B_1	x_{111}	x_{211}	x_{311}
	x_{112}	x_{212}	x_{312}
B_2	x_{121}	x_{221}	x_{321}
	x_{122}	x_{222}	x_{322}
B_3	x_{131}	x_{231}	x_{331}
	x_{132}	x_{232}	x_{332}
B_4	x_{141}	x_{241}	x_{341}
	x_{142}	x_{242}	x_{342}

（3）多元配置

　3つ以上の因子について、各水準のすべての組み合わせで実験を行います。
ただし、QC検定2級の試験範囲で発表されているのは二元配置実験までなの
で、本書では多元配置についての説明は省略します。

5 | 分散分析法の考え方

　実験を行う場合、目的とする特性値に影響を及ぼす変動要因の中から、その実験に取り上げた要因を因子と呼び、その要因を質的、量的に変える条件を水準といいます。

　一般的に、データのばらつきには

❶因子の水準を変えたためのばらつき

❷実験を繰り返したときのばらつき

とが、混在しています。

　また、実験全体のデータのもっているばらつきを総変動と呼び、そのうち、水準を変えたためにデータに与えられるばらつきの部分を級間変動(級間平方和)、同じ水準条件で実験を繰り返すことによってデータに与えられるばらつきを級内変動(誤差平方和)と呼びます。

（1）一元配置法の分散分析

　因子の水準を変えたことによって、特性値に影響があったかどうかを判定するには、級内変動に対して級間変動の大きさを比較します。つまり、級間のばらつきを級内のばらつきに対して検定すればよいことになります。

　一般的に、2つの変動を比較するには、それぞれの不偏分散を求めて分散比によるF検定を行います。

表5.4　変動の分解

総変動 (総平方和)	級間変動	因子の水準の違いによる変動(級間平方和) S_A
	級内変動	因子以外の制御しなかった原因による変動 (誤差平方和) S_e

表5.5　分散分析表

要　因	平方和（S）	自由度（φ）	不偏分散（V）	分散比（F_0）
因子A	S_A	ϕ_A	V_A	$F_0 = \dfrac{V_A}{V_e}$
誤差e	S_e	ϕ_e	V_e	
全体（T）	S_T	ϕ_T		

ここで得た分散比 $F_0 = \dfrac{V_A}{V_e}$ と F 表の F $(\phi_A、\phi_e；0.05)$ の数値とを比べます。有意水準 α とすれば、

$F_0 <$ F $(\phi_A、\phi_e；\alpha)$ ならば有意差**なし**

$F_0 >$ F $(\phi_A、\phi_e；\alpha)$ ならば有意差**あり**

と判定します。

　一般的に、$\alpha = 0.05$ で有意差があれば、F_0 の右肩に ＊ の記号を付けます。また、$\alpha = 0.01$ で有意差があれば、F_0 の右肩に ＊＊ の記号を付け、とくに「高度に有意差あり」であることを表します。

　F_0（分散比の数値）＞ F 表の数値の場合は、要因の水準間に差はないという帰無仮説が棄却されるので、「因子の水準間に有意な差が**見られる**」と判定します。逆に、F_0（分散比の数値）＜ F 表の数値の場合は、要因の水準間に差はないという帰無仮説が棄却されないので、「因子の水準間に有意な差が**見られない**」と判定します。

（2）繰り返しのない二元配置法の分散分析

　2つの因子A、Bの各水準を組み合わせた条件ごとに、1回ずつの実験を行ってデータがとられる場合、実験はランダムな順序で行うのが原則です。

　この実験で得られたデータを分散分析するには、総変動を**要因**変動（因子Aによる変動、因子Bによる変動）に分離して、各変動の大きさを比較することになります。

表5.6　変動の分解

総変動 （総平方和）	因子Aによる変動	A因子の級間平方和　S_A
	因子Bによる変動	B因子の級間平方和　S_B
	級内変動	誤差平方和　S_e

表5.7　分散分析表

要　因	平方和（S）	自由度（ϕ）	不偏分散（V）	分散比（F_0）
因子A	S_A	ϕ_A	V_A	$F_0 = \dfrac{V_A}{V_e}$
因子B	S_B	ϕ_B	V_B	$F_0 = \dfrac{V_B}{V_e}$
誤差e	S_e	ϕ_e	V_e	
全体（T）	S_T	ϕ_T		

（3）繰り返しのある二元配置法の分散分析

2つの因子A、Bの各水準を組み合わせた条件ごとに、n回の実験を行ってデータがとられる場合も、実験はランダムな順序で行うのが原則です。

このように、2つの因子の水準の組み合わせをn回ずつ繰り返して実験すると、2つの因子の単独の効果だけでなく、2つの因子の組み合わせによる効果（交互作用）の有無やその大きさを推測することができます。

この実験で得られたデータを分散分析するには、総変動を要因変動（因子Aによる変動、因子Bによる変動、交互作用による変動）に分離して、各変動の大きさを比較することになります。

表5.8　変動の分解

総変動 （総平方和）	因子Aによる変動	A因子の級間平方和　S_A
	因子Bによる変動	B因子の級間平方和　S_B
	交互作用A×Bによる変動	交互作用A×Bの平方和 $S_{A×B}$
	級内変動	誤差平方和　S_e

表 5.9 分散分析表

要 因	平方和（S）	自由度（ϕ）	不偏分散（V）	分散比（F_0）
因子 A	S_A	ϕ_A	V_A	$F_0 = \dfrac{V_A}{V_e}$
因子 B	S_B	ϕ_B	V_B	$F_0 = \dfrac{V_B}{V_e}$
交互作用 A×B	$S_{A \times B}$	$\phi_{A \times B}$	$V_{A \times B}$	$F_0 = \dfrac{V_{A \times B}}{V_e}$
誤差 e	S_e	ϕ_e	V_e	
全体（T）	S_T	ϕ_T		

---

6 | 一元配置実験での分散分析表の作り方
【繰り返しの数が同じ場合】

表 5.10 データ表（因子 A を 3 水準設定し，3 回の実験結果）

A_1	A_2	A_3
4	9	5
5	7	7
6	8	6

※特性値は大きい方がよいとする

（1）分散分析

　一元配置実験で繰り返しの数が同じ場合、分散分析は次の手順で行います。

手順1 前ページの表中の各数値を2乗して、データの2乗表を作成します。

表5.11 データの2乗表

繰り返し＼水準	A_1	A_2	A_3	総　計
1	16	81	25	
2	25	49	49	
3	36	64	36	
合　計	77	194	110	381

手順2 修正項（CT）を求めます。

$$CT = \frac{（データの合計）の2乗}{データ数} = \frac{57 \times 57}{9} = 361$$

手順3 各平方和（総平方和、Aの級間平方和、誤差平方和）を求めます。
まず、総平方和（S_T）を求めます。

$S_T = \Sigma（データの2乗）- CT = 381 - 361 = 20$

次に、Aの級間平方和（S_A）を求めます。

$$S_A = \sum_{i=1}^{3} \frac{（A_i データの合計）の2乗}{A_i のデータ数} - CT$$

$$= \frac{15 \times 15}{3} + \frac{24 \times 24}{3} + \frac{18 \times 18}{3} - 361 = 14$$

続いて、誤差平方和（S_e）を求めます。

$S_e = S_T - S_A = 20 - 14 = 6$

手順4 各自由度（全体の自由度、因子Aの自由度、誤差の自由度）を求めます。
全体の自由度（ϕ_T）は、

$\phi_T = 総データ数 - 1 = 9 - 1 = 8$

因子Aの自由度（ϕ_A）は、

$\phi_A = 水準数 - 1 = 2$

誤差の自由度（ϕ_e）は、

$\phi_e = \phi_T - \phi_A = 6$

手順5　各不偏分散（V）と分散比（F_0）を求めます。

$$分散（V）は、\quad V_A = \frac{S_A}{\phi_A} = \frac{14}{2} = 7$$

$$V_e = \frac{S_e}{\phi_e} = \frac{6}{6} = 1$$

$$分散比（F_0）は、\quad F_0 = \frac{V_A}{V_e} = \frac{7}{1} = 7$$

手順6　求めた数値から次のような分散分析表を作成します。

表5.12　分散分析表

要　因	平方和	自由度	不偏分散	分散比
因子A	14	2	7	7
誤　差	6	6	1	
合　計	20	8		

手順7　分散分析の結果を判定します。

ここで得た分散比＝7とF表のF（2、6；0.05）＝5.14を比べます。今回は、分散比の数値＞F表の値の場合なので、「因子Aの各水準間に有意な差が見られる」と判定します。

（2）推定

（1）で分散分析を行った結果、因子Aは有意となりましたので、各水準の母平均μを信頼度95％で推定します。その手順は次の通りです。

手順1　各水準の母平均の点推定を行います。母平均＝各水準の平均値より、

$$A_1水準の母平均 = \frac{15}{3} = 5$$

$$A_2水準の母平均 = \frac{24}{3} = 8$$

$$A_3水準の母平均 = \frac{18}{3} = 6$$

手順2　信頼率95％での信頼区間の幅を計算します。母平均の信頼区間の幅

を信頼率95%で次の式から求めます。

$$t(\phi_e, 0.05) \times \sqrt{\frac{V_e}{n}} \quad (\text{n：各水準ごとの観測数})$$

$t(6, 0.05)=2.447$、$V_e=1$、$n=3$　をあてはめると、

$$t(6, 0.05) \times \sqrt{\frac{1}{3}} ≒ \frac{2.447}{1.732} ≒ 1.413 \quad となります。$$

A_1水準を例に計算すると、$5-1.413=3.587$、$5+1.413=6.413$
よって、各水準の母平均の区間推定は次のようになります。

A_1水準の母平均の区間推定は、$3.587 < \mu_{A_1} < 6.413$
A_2水準の母平均の区間推定は、$6.587 < \mu_{A_2} < 9.413$
A_3水準の母平均の区間推定は、$4.587 < \mu_{A_3} < 7.413$

この推定結果を図示すると、下図のようになります。
この図からA_2水準の特性値のデータが最も**大きい**ことがわかります。

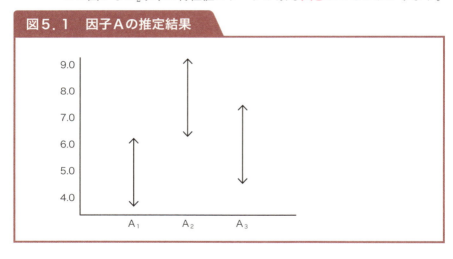

図5.1　因子Aの推定結果

手順3　水準間の差を検定します。必要に応じて、lsd.（最小有意差）を計算して、「どの水準間に有意差があるか」を検討する場合があります。各水準の繰り返しの数が等しい場合には、最小有意差は次のようになります。

$$\text{lsd.} = t(\phi_e, 0.05) \times \sqrt{\frac{2V_e}{n}}$$

よって、任意の2水準間の母平均の差を検定した場合、その棄却域は

次のようになります。

　｜２水準間の母平均の差｜≧lsd. ＝ t（ϕ_e、0.05）×$\sqrt{\dfrac{2V_e}{n}}$

この問題では、$\phi_e = 6$、$V_e = 1$、$n = 3$ より

　lsd. ＝ t（6、0.05）×$\sqrt{\dfrac{2}{3}}$≒2.447×$\sqrt{0.667}$≒1.998

２つの水準間の差は、

　A$_1$水準の平均＝$\dfrac{15}{3}$＝5

　A$_2$水準の平均＝$\dfrac{24}{3}$＝8

　A$_3$水準の平均＝$\dfrac{18}{3}$＝6

なので、

　｜A$_1$－A$_2$｜＝｜A$_1$水準の平均値－A$_2$水準の平均値｜＝ 3 ＞lsd. ＝1.998

　｜A$_1$－A$_3$｜＝｜A$_1$水準の平均値－A$_3$水準の平均値｜＝ 1 ＜lsd. ＝1.998

　｜A$_2$－A$_3$｜＝｜A$_2$水準の平均値－A$_3$水準の平均値｜＝ 2 ＞lsd. ＝1.998

となり、A$_1$とA$_2$、A$_2$とA$_3$の間にはそれぞれ、有意な差が**ある**ことがわかります。

7 一元配置実験での分散分析表の作り方
【繰り返しの数が異なる場合】

表５.１３　データ表（因子Aを3水準設定し、A$_1$水準とA$_2$水準では5回、A$_3$水準では3回の実験結果）

A$_1$	A$_2$	A$_3$
4	6	5
4	7	7
6	7	6
6	8	
5	7	

※特性値は大きい方がよいとする

（1）分散分析

一元配置実験で繰り返しの数が異なる場合、分散分析は次の手順で行います。

手順1 **表5.13**中の各数値を2乗して、データの2乗表を作成します。

表5.14　データの2乗表

繰り返し ＼ 水準	A_1	A_2	A_3	総　計
1	16	36	25	
2	16	49	49	
3	36	49	36	
4	36	64		
5	25	49		
合　計	129	247	110	486

手順2 修正項（CT）を求めます。

$$CT = \frac{（データの合計）の2乗}{データ数} = \frac{78 \times 78}{13} = 468$$

手順3 各平方和（総平方和、Aの級間平方和、誤差平方和）を求めます。
まず、総平方和（S_T）を求めます。

$$S_T = \Sigma（データの2乗）- CT = 486 - 468 = 18$$

次に、Aの級間平方和（S_A）を求めます。

$$S_A = \sum_{i=1}^{3} \frac{（A_iデータの合計）の2乗}{A_iのデータ数} - CT$$

$$= \frac{25 \times 25}{5} + \frac{35 \times 35}{5} + \frac{18 \times 18}{3} - 468 = 10$$

続いて、誤差平方和（S_e）を求めます。

$$S_e = S_T - S_A = 18 - 10 = 8$$

手順4 各自由度（全体の自由度、因子Aの自由度、誤差の自由度）を求めます。
全体の自由度（ϕ_T）は、

$$\phi_T = 総データ数 - 1 = 13 - 1 = 12$$

因子Aの自由度（ϕ_A）は、

$$\phi_A = 水準数 - 1 = 2$$

誤差の自由度(ϕ_e)は、

$$\phi_e = \phi_T - \phi_A = 10$$

手順5　各不偏分散(V)と分散比(F_0)を求めます。

分散(V)は、$V_A = \dfrac{S_A}{\phi_A} = \dfrac{10}{2} = 5$

$$V_e = \dfrac{S_e}{\phi_e} = \dfrac{8}{10} = 0.8$$

分散比(F_0)は、$F_0 = \dfrac{V_A}{V_e} = \dfrac{5}{0.8} = 6.25$

手順6　求めた数値から次のような分散分析表を作成します。

表5.15　分散分析表

要　因	平方和	自由度	不偏分散	分散比
因子A	10	2	5	6.25
誤　差	8	10	0.8	
合　計	18	12		

手順7　分散分析の結果を判定します。

ここで得た分散比$=6.25$とF表のF(2、10；0.05)$=4.10$を比べます。今回の場合は、分散比の数値$>$F表の値の場合なので、「水準間に有意な差が**見られる**」と判定します。

（2）推定

（1）で分散分析を行った結果、因子Aは**有意**となりましたので、各水準の母平均μを信頼度95%で推定します。その手順は次の通りです。

手順1　各水準の母平均の点推定を行います。母平均＝各水準の平均値より、

A_1水準の母平均$= \dfrac{25}{5} = 5$

A_2水準の母平均$= \dfrac{35}{5} = 7$

A_3水準の母平均$= \dfrac{18}{3} = 6$

手順2 信頼率95％での信頼区間の幅を計算します。母平均の信頼区間の幅を信頼率95％で次の式から求めます。

$$t(\phi_e、0.05) \times \sqrt{\frac{V_e}{n_i}} \quad (n_i：各水準ごとの観測数)$$

今回は、**観測数**が違うので、信頼区間の幅は違ってきます。
A_1水準とA_2水準のとき、**観測数**は$n_i = 5$なので、

　　$t(10、0.05) = 2.228、V_e = 0.8、n_i = 5$ をあてはめると、

　　$t(10、0.05) \times \sqrt{\dfrac{0.8}{5}} = 2.228 \times 0.4 \fallingdotseq 0.891$　となります。

A_3水準のとき、**観測数**は$n_i = 3$なので、

　　$t(10、0.05) = 2.228、V_e = 0.8、n_i = 3$ をあてはめると、

　　$t(10、0.05) \times \sqrt{\dfrac{0.8}{3}} \fallingdotseq 1.151$　となります。

各水準の母平均の区間推定を計算すると、次のようになります。
　　A_1水準の母平均の区間推定は、$4.109 < \mu_{A_1} < 5.891$
　　A_2水準の母平均の区間推定は、$6.109 < \mu_{A_2} < 7.891$
　　A_3水準の母平均の区間推定は、$4.849 < \mu_{A_3} < 7.151$
この推定結果を図示すると、下の図のようになります。

図5.2　因子Aの推定結果

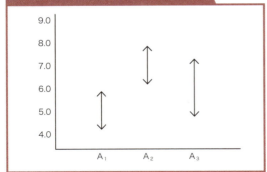

この図からA_2水準の特性値のデータが最も**大きい**ことがわかります。

8 | 二元配置実験での分散分析表の作り方
【繰り返しがない場合】

5章

実験計画法

表5.16　データ表(因子Aを2水準、因子Bを4水準の実験結果)

因子A＼因子B	B₁	B₂	B₃	B₄
A₁	8	12	16	10
A₂	6	10	11	7

※特性値は大きい方がよいとする

(1)分散分析

　二元配置実験で繰り返しがない場合、分散分析は次の手順で行います。

手順1　**表5.16**中の各数値を2乗して、データの2乗表を作成します。

表5.17　データの2乗表

因子A＼因子B	B₁	B₂	B₃	B₄	総　計
A₁	64	144	256	100	564
A₂	36	100	121	49	306
合　計	100	244	377	149	**870**

手順2　修正項(CT)を求めます。

$$CT = \frac{(\text{データの合計})の2乗}{\text{データ数}} = \frac{80 \times 80}{8} = 800$$

手順3　各**平方和**(総平方和、Aの級間平方和、Bの級間平方和、誤差平方和)
を求めます。まず、総平方和(S_T)は、

$$S_T = \Sigma(\text{データの2乗}) - CT = 870 - 800 = 70$$

次に、Aの級間平方和(S_A)とBの級間平方和(S_B)を計算すると、

$$S_A = \sum_{i=1}^{2} \frac{(A_i \text{データの合計})の2乗}{A_i \text{のデータ数}} - CT$$

131

$$= \frac{46 \times 46}{4} + \frac{34 \times 34}{4} - 800 = 18$$

$$S_B = \sum_{j=1}^{4} \frac{(B_j \vec{\tau} \text{ータの合計}) \text{の} 2 \text{乗}}{B_j \text{のデータ数}} - CT$$

$$= \frac{14 \times 14}{2} + \frac{22 \times 22}{2} + \frac{27 \times 27}{2} + \frac{17 \times 17}{2} - 800 = 49$$

続いて、誤差平方和（S_e）は、

$$S_e = S_T - S_A - S_B = 70 - 18 - 49 = 3$$

手順4 各自由度を求めます。

全体の自由度（ϕ_T）は、　$\phi_T = $ 総データ数 $- 1 = 8 - 1 = 7$

因子Aの自由度（ϕ_A）は、　$\phi_A = $ 水準数 $- 1 = 1$

因子Bの自由度（ϕ_B）は、　$\phi_B = $ 水準数 $- 1 = 3$

誤差の自由度（ϕ_e）は、　$\phi_e = \phi_T - \phi_A - \phi_B = 3$

手順5 各不偏分散（V）と分散比（F_0）を求めます。

分散（V）は、$V_A = \dfrac{S_A}{\phi_A} = \dfrac{18}{1} = 18$

$$V_B = \frac{S_B}{\phi_B} = \frac{49}{3} \fallingdotseq 16.33$$

$$V_e = \frac{S_e}{\phi_e} = \frac{3}{3} = 1$$

分散比（F_0）は、A：$F_0 = \dfrac{V_A}{V_e} = \dfrac{18}{1} = 18$

$$\text{B：} F_0 = \frac{V_B}{V_e} = \frac{16.33}{1} = 16.33$$

手順6 求めた数値から次のような分散分析表を作成します。

表5.18　分散分析表

要　因	平方和	自由度	不偏分散	分散比
因子A	18	1	18	18.00
因子B	49	3	16.33	16.33
誤　差	3	3	1	
合　計	70	7		

132

手順7 分散分析の結果を判定します。

ここで得た分散比(因子A：18、因子B：16.33)と各因子のF表から読み取れる棄却限界値を比べます(それぞれの値は次の通り)。

因子AのF表の値：F(1、3；0.05)＝10.1

因子BのF表の値：F(3、3；0.05)＝9.28

今回の場合は、A、B各因子の分散比の数値**＞**F表の値なので、「A、Bの水準間に有意な差が**見られる**」と判定します。

（2）推定

（1）で分散分析を行った結果、因子AとBは**有意**となりましたので、AとBそれぞれ別に、各水準の母平均μを信頼度95%で推定します。

手順1 各水準の母平均の点推定を行います。母平均＝各水準の平均値より、

A_1水準の母平均$=\dfrac{46}{4}=11.5$　　A_2水準の母平均$=\dfrac{34}{4}=8.5$

B_1水準の母平均$=\dfrac{14}{2}=7$　　　　B_2水準の母平均$=\dfrac{22}{2}=11$

B_3水準の母平均$=\dfrac{27}{2}=13.5$　　B_4水準の母平均$=\dfrac{17}{2}=8.5$

手順2 信頼率95%での信頼区間の幅を計算します。母平均の信頼区間の幅を信頼率95%でA、B別に次の式から求めます。

$$t\,(\phi_e、0.05)\times\sqrt{\dfrac{V_e}{n_i}}\quad(n_i：各水準ごとの観測数)$$

Aの場合、t(3、0.05)＝3.182、$V_e=1$、$n_i=4$　なので、

$$t\,(3、0.05)\times\sqrt{\dfrac{1}{4}}=3.182\times0.5=1.591$$

Bの場合、t(3、0.05)＝3.182、$V_e=1$、$n_i=2$　なので、

$$t\,(3、0.05)\times\sqrt{\dfrac{1}{2}}\fallingdotseq2.250$$

各水準の母平均の区間推定を計算すると、次のようになります。

A_1水準の母平均の区間推定：

　$9.909<\mu_{A_1}<13.091$

A_2水準の母平均の区間推定：

　$6.909<\mu_{A_2}<10.091$

133

B₁水準の母平均の区間推定：
　4.750＜μ_{B_1}＜9.250
B₂水準の母平均の区間推定：
　8.750＜μ_{B_2}＜13.250
B₃水準の母平均の区間推定：
　11.250＜μ_{B_3}＜15.750
B₄水準の母平均の区間推定：
　6.250＜μ_{B_4}＜10.750
　この推定結果を図示すると、右図のようになります。

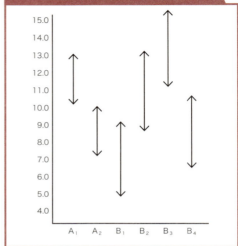

図5.3　有意となった要因の推定結果

手順3　最適な組み合わせ条件を選定します。
　　　　特性値は**大きい**方がよいので、A₁とB₃の組み合わせを選びます。

手順4　最適条件での母平均を推定します。
　　　　①母平均のμの点推定を、次の式より求めます。
　　　　　　$\hat{\mu}(A_1B_3)$＝A₁水準の平均値＋B₃水準の平均値－総平均値
　　　　　　　　　　＝11.5＋13.5－10＝15
　　　　②母平均のμの区間推定を信頼度95％で推定します。母平均$\hat{\mu}$の区間推定は次の式より求めます。

$$\hat{\mu} \pm t(\phi_e、0.05) \times \sqrt{\frac{V_e}{n_e}}$$

　　　　ここで、n_eは**有効反復係数**といい、次の公式が使われています。

$$n_e = \frac{ab}{(1+\phi_A+\phi_B)} \quad \cdots\cdots \text{田口の公式}$$

　　　　a：Aの水準数、b：Bの水準数、
　　　　ϕ_A：Aの自由度、ϕ_B：Bの自由度
　　　　n_eを計算すると、

$$n_e = \frac{a \, b}{(1 + \phi_A + \phi_B)} = \frac{2 \times 4}{5} = 1.6 \quad \text{になります。}$$

$t(3、0.05) = 3.182$、$V_e = 1$、$n_e = 1.6$　を式にあてはめると、

$$t(3、0.05) \times \sqrt{\frac{1}{1.6}} = 3.182 \times \sqrt{\frac{1}{1.6}} \fallingdotseq \frac{3.182}{1.265} \fallingdotseq 2.52$$

$$15 - 2.52 = 12.48 \qquad 15 + 2.52 = 17.52$$

よって、最適条件 $A_1 B_3$ での母平均は、$12.48 < \mu_{A_1 B_3} < 17.52$ と区間推定されます（信頼率95％）。

9 二元配置実験での分散分析表の作り方
【繰り返しがある場合】

表5.19　データ表（因子Aを4水準、因子Bを3水準設定し、2回の繰り返し実験結果）

因子A ＼ 因子B	B₁	B₂	B₃
A₁	19	20	19
A₁	19	20	18
A₂	19	21	17
A₂	18	20	16
A₃	18	21	19
A₃	16	22	20
A₄	15	19	18
A₄	17	19	19

※特性値は大きい方がよいとする

（1）分散分析

二元配置実験で繰り返しがある場合、分散分析は次の手順で行います。

手順1 前ページの**表5.19**中の同じ囲み内の数値を足し合わせて（例：$A_1 B_1$ は19＋19＝38）、ＡＢ二元表を作成します。

表5.20　ＡＢ二元表

因子A＼因子B	B_1	B_2	B_3	総　計
A_1	38	40	37	115
A_2	37	41	33	111
A_3	34	43	39	116
A_4	32	38	37	107
合　計	141	162	146	449

手順2 修正項（ＣＴ）を求めます。

$$CT = \frac{（データの合計）の2乗}{データ数} = \frac{449 \times 449}{24} ≒ 8400.04$$

手順3 各平方和を求めます。

総平方和（S_T）は、

$$S_T = \Sigma（データの2乗）- CT = 8465^※ - 8400.04 = 64.96$$

Aの級間平方和（S_A）は、

$$S_A = \sum_{i=1}^{4} \frac{（A_i データの合計）の2乗}{A_i のデータ数} - CT$$
$$= \frac{115 \times 115}{6} + \frac{111 \times 111}{6} + \frac{116 \times 116}{6} + \frac{107 \times 107}{6} - 8400.04 = 8.46$$

Bの級間平方和（S_B）は、

$$S_B = \sum_{j=1}^{3} \frac{（B_j データの合計）の2乗}{B_j のデータ数} - CT$$
$$= \frac{141 \times 141}{8} + \frac{162 \times 162}{8} + \frac{146 \times 146}{8} - 8400.04 ≒ 30.09$$

ＡＢ級間平方和（S_{AB}）を求めると、

$$S_{AB} = \sum \frac{（ＡＢ二元表データ）の2乗}{2（繰り返し数）} - CT$$
$$= \frac{16915}{2}^{※※} - 8400.04 = 57.46$$

交互作用平方和（$S_{A×B}$）を求めると、

$$S_{A×B} = S_{AB} - S_A - S_B = 57.46 - 8.46 - 30.09 = 18.91$$

※Σ（表5.19の各数値の2乗）＝8465　　※※Σ（表5.20の各数値の2乗）＝16915

誤差平方和（S_e）は、

$$S_e = S_T - S_A - S_B - S_{A \times B} = 64.96 - 8.46 - 30.09 - 18.91 = 7.50$$

手順4 各自由度を求めます。

全体の自由度（ϕ_T）は、　$\phi_T = $ 総データ数 $- 1 = 24 - 1 = 23$

因子Aの自由度（ϕ_A）は、　$\phi_A = $ 水準数 $- 1 = 3$

因子Bの自由度（ϕ_B）は、　$\phi_B = $ 水準数 $- 1 = 2$

交互作用A×Bの自由度（$\phi_{A \times B}$）は、　$\phi_{A \times B} = \phi_A \times \phi_B = 3 \times 2 = 6$

誤差の自由度（ϕ_e）は、$\phi_e = \phi_T - \phi_A - \phi_B - \phi_{A \times B} = 23 - 3 - 2 - 6 = 12$

手順5 各不偏分散（V）と各分散比（F_0）を求めます。

分散（V）は、$V_A = \dfrac{S_A}{\phi_A} = \dfrac{8.46}{3} = 2.82$

$$V_B = \frac{S_B}{\phi_B} = \frac{30.09}{2} \fallingdotseq 15.05$$

$$V_{A \times B} = \frac{S_{A \times B}}{\phi_{A \times B}} = \frac{18.91}{6} \fallingdotseq 3.15$$

$$V_e = \frac{S_e}{\phi_e} = \frac{7.50}{12} \fallingdotseq 0.63$$

分散比（F_0）は、A：$F_0 = \dfrac{V_A}{V_e} = \dfrac{2.82}{0.63} \fallingdotseq 4.48$

$$B：F_0 = \frac{V_B}{V_e} = \frac{15.05}{0.63} \fallingdotseq 23.89$$

$$A \times B：F_0 = \frac{V_{A \times B}}{V_e} = \frac{3.15}{0.63} = 5.00$$

手順6 次のような分散分析表を作成します。

表5.21　分散分析表

要　因	平方和	自由度	不偏分散	分散比
因子A	8.46	3	2.82	4.48
因子B	30.09	2	15.05	23.89
交互作用	18.91	6	3.15	5.00
誤　差	7.50	12	0.63	
合　計	64.96	23		

手順7 分散分析の結果を判定します。

ここで得た分散比（因子A：4.48、因子B：23.89、交互作用：5.00）

と各因子のＦ表から読み取れる棄却限界値を比べます（それぞれの値は次のとおり）。

因子Ａのｆ表の値　　：Ｆ（３、12；0.05）＝3.49
因子Ｂのｆ表の値　　：Ｆ（２、12；0.05）＝3.89
交互作用のｆ表の値：Ｆ（６、12；0.05）＝3.00

今回の場合は、Ａ、Ｂ因子、Ａ×Ｂ交互作用の分散比の数値＞Ｆ表の値なので、「Ａ、Ｂの水準間、交互作用Ａ×Ｂに有意な差が**見られる**」と判定します（有意水準５％）。

（２）推定

(1) で分散分析を行った結果、因子Ａ、因子Ｂ、交互作用Ａ×Ｂは**有意**となりましたので、ＡとＢそれぞれ別に、各水準の母平均 μ を信頼度95％で推定します。その手順は次のとおりです。

手順1　最適な組み合わせ条件を選定します。
　　　　特性値は大きい方がよいので、A_3 と B_2 の組み合わせを選びます。

手順2　最適条件での母平均を推定します。
　　　　今回は、Ａ×Ｂが有意なので、最適条件 A_3B_2 において、
　　　　①母平均の μ の点推定を、次の式より求めます。

$$\hat{\mu}(A_3B_2) = A_3B_2 の平均値 = \frac{21+22}{2} = 21.5$$

　　　　②母平均の μ の区間推定を信頼度95％で推定します。母平均の信頼区間の幅を信頼率95％で次の式より求めます。

$$t(\phi_e、0.05) \times \sqrt{\frac{V_e}{n_e}}$$

有効反復係数 $n_e = \dfrac{a\ b\ n}{(1+\phi_A+\phi_B+\phi_{A+B})}$ ……田口の公式（ただし、a：A水準数、b：B水準数、n：繰り返し数）

計算すると、$n_e = \dfrac{4 \times 3 \times 2}{12} = 2$

$$t(12、0.05) \times \sqrt{\frac{0.63}{2}} \fallingdotseq 2.179 \times 0.561 \fallingdotseq 1.22$$

よって、最適条件 A_3B_2 での母平均は、$20.28 < \mu_{A_3B_2} < 22.72$ と区間推定されます（信頼率95％）。

> 赤シートで正解を隠して
> 問題を解いてください。

チェック問題

5章

実験計画法

[問1] ある材料の強度を高めるための処理条件として，因子Aを取り上げた。現状の水準A_1に対して，A_2，A_3の水準が候補として考えられる。各水準4回ずつ，計12回の実験をランダムな順序で行い，下表のようなデータを得た。このとき，設問（1）～（3）に答えよ。

〈表5.22　データ表〉

A_1	A_2	A_3
7	10	6
8	9	8
9	8	8
6	11	6

（1）次の分散分析表を完成させるため，①～⑨に入る最も適切な数値を下の選択肢から選べ。ただし，選択肢は複数回用いてもよいこととする。

〈表5.23　分散分析表〉

要　因	平方和	自由度	不偏分散	分散比
因子A	S_A：①	ϕ_A：④	V_A：⑦	$F_0 = \dfrac{V_A}{V_e}$：⑨
誤差e	S_e：②	ϕ_e：⑤	V_e：⑧	
合　計	S_T：③	ϕ_T：⑥		

【選択肢】

ア. 1　　**イ**. 1.56　　**ウ**. 2　　**エ**. 4.49　　**オ**. 5

カ. 7　　**キ**. 9　　**ク**. 11　　**ケ**. 14　　**コ**. 28

正解　①ケ　②ケ　③コ　④ウ　⑤キ　⑥ク　⑦カ　⑧イ　⑨エ

（2）因子Aを有意水準$\alpha = 0.05$で検定するときに用いる，F表からの棄却限界値はいくらか。下の選択肢から選べ（巻末のF表を使用すること）。

【選択肢】

ア. $F(3, 9 ; 0.05) = 8.81$　　　**イ**. $F(2, 9 ; 0.05) = 4.26$

正解　イ

（3）分散比F_0と（2）で得た限界値を比較した場合，有意差の判定はどうなるか。下の選択肢から選べ。

【選択肢】

ア. 水準間に有意差がある　　　**イ**. 水準間に有意差がない

正解　ア

139

[問2] ある材料の強度を高めるための処理条件として、因子Ａについて２水準、因子Ｂについて４水準を設定し、繰り返しのない二元配置実験を行った。８回の実験をランダムな順序で行ったところ、下表のようなデータを得た(特性値は大きい方がよいとする)。このとき、次の設問(１)〜(５)に答えよ。

〈表５．２４　データ表〉

因子Ａ ＼ 因子Ｂ	B₁	B₂	B₃	B₄
A₁	5	10	5	6
A₂	3	6	3	4
合　計	8	16	8	10

(１)次の分散分析表を完成させるため、①〜⑩に入る最も適切な数値を下の選択肢から選べ。ただし、選択肢は複数回用いてもよいこととする。

〈表５．２５　分散分析表〉

要　因	平方和	自由度	不偏分散	分散比
因子Ａ	$S_A=$①	$\phi_A=$④	$V_A=$⑧	$F_0=\dfrac{V_A}{V_e}:$⑩
因子Ｂ	21.5	$\phi_B=$⑤	7.17	14.34
誤差e	$S_e=$②	$\phi_e=$⑥	$V_e:$⑨	
合　計	$S_T=$③	$\phi_T=$⑦		

【選択肢】

ア. 1　　**イ**. 1.5　　**ウ**. 3　　**エ**. 7　　**オ**. 12.5

カ. 21.5　　**キ**. 25　　**ク**. 35.5　　**ケ**. 0.5

正解　①**オ**　②**イ**　③**ク**　④**ア**　⑤**ウ**　⑥**ウ**　⑦**エ**　⑧**オ**　⑨**ケ**　⑩**キ**

(２)因子Ａ、Ｂを有意水準$\alpha=0.05$で検定するときに用いるＦ表からの棄却限界値はいくらか。下の選択肢から選べ(Ｆ表を使用すること)。

【選択肢】

ア.　A：$F(1, 3;0.05)=10.1$　　B：$F(3, 3;0.05)=9.28$

イ.　A：$F(3, 3;0.05)=9.28$　　B：$F(1, 3;0.05)=10.1$

正解　**ア**

(３)分散比F_0と(２)で得た限界値を比較した場合、有意差の判定はどうなるか。下の選択肢よりひとつ選べ。

【選択肢】

ア.　A要因のみ有意である　　**イ**.　B要因のみ有意である

ウ.　A、Bともに有意でない　　**エ**.　A、Bともに有意である

正解　**エ**

140

（4）分散分析の結果有意となった要因を用いて，特性値のもっとも大きくなる水準組み合わせはどのようになるか。下の選択肢よりひとつ選べ。

【選択肢】　**ア**．A_1B_1　　　**イ**．A_2B_1　　　**ウ**．A_1B_2

　正解　**ウ**

（5）（4）で選定した最適な組み合わせ条件を今後使用するとして，その条件下での母平均の点推定値はいくらか。下の選択肢よりひとつ選べ。

【選択肢】　**ア**．9.25　　　**イ**．10.25　　　**ウ**．11.5

　正解　**ア**

[問3] ある材料の強度を高めるための処理条件として，因子Aについて2水準，因子Bについて4水準を設定し，繰り返し回数3回の二元配置実験を行ったところ，下表のようなデータを得た（特性値は大きい方がよいとする）。このとき，次の設問（1）～（5）に答えよ。

〈表5.26　データ表〉　　　　　　　　＊∑（データの2乗）＝2581

因子A ＼ 因子B	B₁	B₂	B₃	B₄
A₁	12	10	8	8
	13	9	7	7
	11	10	10	7
A₂	11	12	10	10
	11	13	11	9
	12	13	10	11

（1）次の分散分析表を完成させるため，①～⑧に入る最も適切な数値を下の選択肢から選べ。ただし，選択肢は複数回用いてもよいこととする。

〈表5.27　分散分析表〉

要　因	平方和（S）	自由度（φ）	不偏分散（V）	分散比（F_0）
因子A	18.375	ϕ_A＝②	18.375	24.5
因子B	37.125	ϕ_B＝③	12.375	16.5
交互作用	$S_{A \times B}$＝①	$\phi_{A \times B}$＝④	$V_{A \times B}$＝⑦	$F_0 = \dfrac{V_{A \times B}}{V_e}$：⑧
誤差e	12	ϕ_e：⑤	0.75	
合　計	79.958	ϕ_T：⑥		

【選択肢】　**ア**．1　**イ**．3　**ウ**．4.153　**エ**．5.54　**オ**．12.458　**カ**．16　**キ**．23

　正解　①**オ**　②**ア**　③**イ**　④**イ**　⑤**カ**　⑥**キ**　⑦**ウ**　⑧**エ**

141

（2）交互作用Ａ×Ｂを有意水準$\alpha = 0.05$で検定するときに用いるＦ表からの棄却限界値はいくらか。下の選択肢よりひとつ選べ（Ｆ表を使用すること）。

【選択肢】　**ア**．3.24　　**イ**．4.49　　**ウ**．5.29

正解　**ア**

（3）交互作用Ａ×Ｂの分散比F_0と（2）で得た限界値と比較した場合，有意差の判定はどうなるか。下の選択肢よりひとつ選べ。

【選択肢】　**ア**．有意である　　**イ**．有意とならない

正解　**ア**

（4）分散分析の結果，有意となった要因を用いて，特性値のもっとも大きくなる水準組み合わせはどのようになるか。下の選択肢よりひとつ選べ。

【選択肢】　**ア**．A_1B_1　　**イ**．A_1B_3　　**ウ**．A_2B_2　　**エ**．A_2B_4

正解　**ウ**

（5）（4）で選定した最適な組み合わせ条件を今後使用するとして，その条件下での母平均の点推定値はいくらか。下の選択肢よりひとつ選べ。

【選択肢】　**ア**．10.33　　**イ**．12.33　　**ウ**．12.67

正解　**ウ**

解　説

【問1】

（1）次の手順で解いていく。

手順1　**表5.22**中の各数値を2乗して，データの2乗表を作成する。

〈表5.28　データの2乗表〉

繰り返し＼水準	A_1	A_2	A_3	総　計
1	49	100	36	
2	64	81	64	
3	81	64	64	
4	36	121	36	
合　計	230	366	200	796

手順2　修正項（ＣＴ）を求める。

$$CT = \frac{（データの合計）の2乗}{データ数} = \frac{96 \times 96}{12} = 768$$

142

手順3　各平方和（S）を求める。

総平方和（S_T）は，

$$S_T = \sum（個々のデータの2乗）- CT = 796 - 768 = 28 \cdots ③$$

因子Aの平方和（S_A）は，

$$S_A = \sum_{i=1}^{3} \frac{（Aiデータの合計）の2乗}{Aiのデータ数} - CT$$

$$= \frac{(30 \times 30 + 38 \times 38 + 28 \times 28)}{4} - 768 = 14 \cdots ①$$

誤差平方和（S_e）は，　$S_e = S_T - S_A = 28 - 14 = 14 \cdots ②$

手順4　各自由度を求める。

全体の自由度（ϕ_T）は，　$\phi_T = 総データ数 - 1 = 12 - 1 = 11 \cdots ⑥$

因子Aの自由度（ϕ_A）は，　$\phi_A = 水準数 - 1 = 2 \cdots ④$

誤差の自由度（ϕ_e）は，　$\phi_e = \phi_T - \phi_A = 9 \cdots ⑤$

手順5　各不偏分散（V）と分散比（F_0）を求める。

分散（V）は，　$V_A = \dfrac{S_A}{\phi_A} = \dfrac{14}{2} = 7 \cdots ⑦$

$$V_e = \frac{S_e}{\phi_e} = \frac{14}{9} ≒ 1.56 \cdots ⑧$$

分散比（F_0）は，　$F_0 = \dfrac{V_A}{V_e} = \dfrac{7}{1.56} ≒ 4.49 \cdots ⑨$

手順6　求めた数値から分散分析表を作成すると，次のようになる。

〈表5.29　分散分析表〉

要　因	平方和	自由度	不偏分散	分散比
因子A	14	2	7	4.49
誤　差	14	9	1.56	
合　計	28	11		

（2）F表から$F(2, 9 ; 0.05) = 4.26$が読み取れるので，棄却限界値は

4.26となる。よって，正解は**イ. F（2，9；0.05）＝4.26**である。

※F表の見方：たとえばF（2，9：0.05）の場合，

横軸$\phi_1 = 2$，縦軸$\phi_2 = 9$の交点の細字が該当する。

(3)$F_0 > F(2, 9 ; 0.05)$となるので，水準間に有意差があると判定する。よって，正解は**ア．水準間に有意差がある**である。

【問2】

(1)次の手順で解いていく。

手順1　**表5.24**中の各数値を2乗して，データの2乗表を作成する。

〈表5.30　データの2乗表〉

因子A ＼ 因子B	B₁	B₂	B₃	B₄
A₁	25	100	25	36
A₂	9	36	9	16
合　計	34	136	34	52

手順2　修正項（CT）を求める。

$$CT = \frac{（データの合計）の2乗}{データ数} = \frac{42 \times 42}{8} = 220.5$$

手順3　各平方和（S）を求める。

総平方和（S_T）は，

$$S_T = \Sigma（個々のデータの2乗）- CT = 256 - 220.5 = \mathbf{35.5} \cdots ③$$

因子Aの平方和（S_A）は，

$$S_A = \sum_{i=1}^{2} \frac{（A_iデータの合計）の2乗}{A_iのデータ数} - CT$$

$$= \frac{(26 \times 26 + 16 \times 16)}{4} - 220.5 = \mathbf{12.5} \cdots ①$$

因子Bの平方和（S_B）は，

$$S_B = \sum_{j=1}^{3} \frac{（B_jデータの合計）の2乗}{B_jのデータ数} - CT$$

$$= \frac{(8 \times 8 + 16 \times 16 + 8 \times 8 + 10 \times 10)}{2} - 220.5 = 21.5$$

誤差平方和（S_e）は，

$$S_e = S_T - S_A - S_B = 35.5 - 12.5 - 21.5 = \mathbf{1.5} \cdots ②$$

手順4 各自由度を求める。

全体の自由度(ϕ_T)は、　$\phi_T =$ 総データ数 $-1 = 8 - 1 = 7 \cdots$ ⑦

因子Aの自由度(ϕ_A)は、　$\phi_A =$ 水準数 $-1 = 1 \cdots$ ④

因子Bの自由度(ϕ_B)は、　$\phi_B =$ 水準数 $-1 = 3 \cdots$ ⑤

誤差の自由度(ϕ_e)は、　$\phi_e = \phi_T - \phi_A - \phi_B = 3 \cdots$ ⑥

手順5 各不偏分散(V)と分散比(F_0)を求める。

分散(V)は、　$V_A = \dfrac{S_A}{\phi_A} = \dfrac{12.5}{1} = \mathbf{12.5} \cdots$ ⑧

$V_B = \dfrac{S_B}{\phi_B} = \dfrac{21.5}{3} \fallingdotseq 7.17$

$V_e = \dfrac{S_e}{\phi_e} = \dfrac{1.5}{3} = \mathbf{0.5} \cdots$ ⑨

分散比(F_0)は、　A：$F_0 = \dfrac{V_A}{V_e} = \dfrac{12.5}{0.5} = \mathbf{25} \cdots$ ⑩

B：$F_0 = \dfrac{V_B}{V_e} = \dfrac{7.17}{0.5} = 14.34$

手順6 求めた数値から分散分析表を作成すると，次のようになる。

〈表5.31　分散分析表〉

要　因	平方和	自由度	不偏分散	分散比
因子A	12.5	1	12.5	25.00
因子B	21.5	3	7.17	14.34
誤　差	1.5	3	0.50	
合　計	35.5	7		

（2）F表から読み取れる棄却限界値は、　A：$F(1, 3 ; 0.05) = \mathbf{10.1}$
　　B：$F(3, 3 ; 0.05) = 9.28$　となる。よって，正解は**ア**。

（3）A要因の分散比 $= 25 > F(1, 3 ; 0.05) = 10.1$
　　B要因の分散比 $= 14.34 > F(3, 3 ; 0.05) = 9.28$
　　となるので，**A，B共に有意水準5％で有意である**。よって，正解は**エ**。

（4）各要因の特性値の大小関係は，

A：$A_1 > A_2$　　B：$B_2 > B_4 > B_1 = B_3$　であることがわかる。したがって，特性値のもっとも大きくなる，最適な水準組み合わせは，その交点である$A_1 B_2$となる。よって，正解は**ウ**。

（5）A，B共に有意なので，最適な組み合わせ条件下での母平均の点推定値は次のとおりである。

母平均の点推定値＝①＋②－③＝6.5＋8－5.25＝**9.25**

　　①A：$A_1 > A_2$よりA_1水準の母平均の推定値＝$\dfrac{26}{4}$＝6.5

　　②B：$B_2 > B_4 > B_1 = B_3$よりB_2水準の母平均の推定値＝$\dfrac{16}{2}$＝8

　　③総平均値＝$\dfrac{42}{8}$＝**5.25**

よって，正解は**ア**。

【問3】

（1）次の手順で解いていく。

手順1　141ページの**表5.26**中の同じ囲み内の数値を足し合わせて
　　　　（例：$A_1 B_1$は12＋13＋11＝36），AB二元表を作成する。

〈表5.32　AB二元表〉

因子A ＼ 因子B	B₁	B₂	B₃	B₄
A₁	36	29	25	22
A₂	34	38	31	30

手順2　修正項（CT）を求める。

$$CT = \frac{（データの合計）の2乗}{データ数} = \frac{245 \times 245}{24} ≒ 2501.042$$

手順3　各平方和（S）を求める。

　　　　総平方和（S_T）は，

　　　　$S_T = \Sigma（個々のデータの2乗）- CT$

　　　　　　$= 2581 - 2501.042 = 79.958$

　　　　因子Aの平方和（S_A）は，

146

$$S_A = \sum_{i=1}^{2} \frac{(A_i \text{データの合計})の2乗}{A_i のデータ数} - CT$$

$$= \frac{112 \times 112}{12} + \frac{133 \times 133}{12} - 2501.042 \fallingdotseq 18.375$$

因子Bの平方和(S_B)は,

$$S_B = \sum_{j=1}^{3} \frac{(B_j \text{データの合計})の2乗}{B_j のデータ数} - CT$$

$$= \frac{70 \times 70}{6} + \frac{67 \times 67}{6} + \frac{56 \times 56}{6} + \frac{52 \times 52}{6} - 2501.042$$

$$\fallingdotseq 37.125$$

ＡＢ級間平方和(S_{AB})を求める。

$$S_{AB} = \sum \frac{(\text{ＡＢ二元表データ})の2乗}{3(繰り返し数)} - CT$$

$$= \frac{7707}{3} - 2501.042 = 67.958$$

交互作用平方和($S_{A \times B}$)を求める。

$$S_{A \times B} = S_{AB} - S_A - S_B = \textbf{12.458} \cdots ①$$

誤差平方和(S_e)は,

$$S_e = S_T - S_A - S_B - S_{A \times B} = 12$$

手順4 各自由度を求める。

全体の自由度(ϕ_T)は, $\phi_T = $ 総データ数 $- 1 = 24 - 1 = \textbf{23} \cdots ⑥$

因子Aの自由度(ϕ_A)は, $\phi_A = $ 水準数 $- 1 = \textbf{1} \cdots ②$

因子Bの自由度(ϕ_B)は, $\phi_B = $ 水準数 $- 1 = \textbf{3} \cdots ③$

交互作用Ａ×Ｂの自由度($\phi_{A \times B}$)は, $\phi_{A \times B} = \phi_A \times \phi_B = \textbf{3} \cdots ④$

誤差の自由度(ϕ_e)は, $\phi_e = \phi_T - \phi_A - \phi_B - \phi_{A \times B} = \textbf{16} \cdots ⑤$

手順5 各不偏分散(V)と分散比(F_0)を求める。

不偏分散(V)は, $V_A = \dfrac{S_A}{\phi_A} = \dfrac{18.375}{1} = 18.375$

$$V_B = \frac{S_B}{\phi_B} = \frac{37.125}{3} = 12.375$$

$$V_{A\times B} = \frac{S_{A\times B}}{\phi_{A\times B}} = \frac{12.458}{3} \fallingdotseq 4.153\cdots⑦$$

$$V_e = \frac{S_e}{\phi_e} = \frac{12}{16} = 0.75$$

分散比（F_0）は，　$A：F_0 = \frac{V_A}{V_e} = \frac{18.375}{0.75} = 24.5$

$$B：F_0 = \frac{V_B}{V_e} = \frac{12.375}{0.75} = 16.5$$

$$A\times B：F_0 = \frac{V_{A\times B}}{V_e} = \frac{4.153}{0.75} \fallingdotseq 5.54\cdots⑧$$

手順6　求めた数値から分散分析表を作成すると，次のようになる。

〈表5.33　分散分析表〉

要　因	平方和	自由度	不偏分散	分散比
因子A	18.375	1	18.375	24.5
因子B	37.125	3	12.375	16.5
交互作用	12.458	3	4.153	5.54
誤　差	12	16	0.75	
合　計	79.958	23		

（2）F表から読み取れる棄却限界値は，交互作用A×Bでは，
　　　F（3,16；0.05）=**3.24**　である。よって，正解は**ア**。

（3）交互作用A×Bの分散比=**5.54**＞F（3,16；0.05）=3.24　なの
　　　で、**有意水準5％で有意である**。よって，正解は**ア**。

（4）A，BもA×Bも共に有意なので，特性値が最も大きくなる最適な水
　　　準組み合わせは，その交点である**$A_2 B_2$**となる。よって，正解は**ウ**。

（5）A，BもA×Bも共に有意なので，最適な組み合わせ条件下での母平
　　　均の点推定値は次の通りである。

$$母平均の点推定値 = \frac{12+13+13}{3} \fallingdotseq 12.67$$

　　　よって，正解は**ウ**。

6章
サンプリングと検査

6章では、「サンプリング」と「抜き取り検査」
について学びます。以前は、サンプリングは
毎回出題されていましたが、出尽くした感が
あり、最近はあまり出題されていません。し
かし、基本を押さえておくことが大事です。
「検査」については、「計数規準型抜き取り検
査」を重点的に勉強するとよいと思います。

1 サンプリング

母集団の情報を得るために、**母集団**から標本を抽出することをサンプリングといいます。次の(1)〜(5)の5つが代表的なサンプリング方法です。

(1)単純ランダムサンプリング

母集団からサンプルサイズn個のサンプリング単位を取り出して、すべての組み合わせが**同じ確率**になるようにサンプリングすることです。

図6.1　単純ランダムサンプリング

例として、100本の薬品びんが納入され、成分調査のために30本ランダムにサンプリングしたときの方法が挙げられます。

(2)層別サンプリング

母集団を層別し、各層から**1つ以上**のサンプリング単位をランダムに取るサンプリングです。

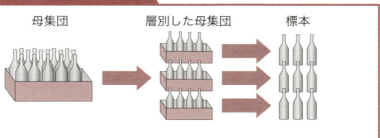

図6.2　層別サンプリング

例として、10本(びん)の薬品が入った段ボール箱が20箱納入され、成分調査のため全部の箱からそれぞれ5本(びん)ずつサンプリングしたときの方法が挙げられます。

(3) 集落サンプリング

母集団をいくつかの集落に分割し、全集落からいくつかの集落をランダムに選び、選んだ集落に含まれる**サンプリング単位をすべて取る**方法です。

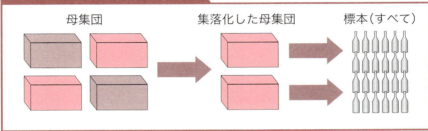

図6.3　集落サンプリング

例として、10本(びん)の薬品が入った段ボール箱が20箱納入され、成分調査のため5箱をランダムにサンプリングし、その箱の10本のびんを全部調べたときのサンプリング方法が挙げられます。

(4) 系統サンプリング

母集団中のサンプリング単位が、生産順のような何らかの順序で並んでいる時、**一定の間隔**でサンプリング単位を取る方法です。

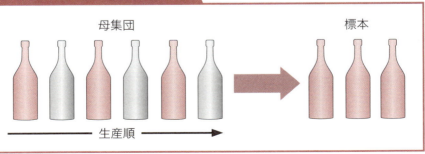

図6.4　系統サンプリング

例として、24時間操業の工程で、工程管理のため4時間おきにサンプリングしているときの方法が挙げられます。

(5) 2段サンプリング

母集団が多くの部分母集団に分かれているとき、**1次抜き取り単位**をランダムに、複数サンプリングし、1段目で選んだ中から**2次抜き取り単位**をサンプリングする方法です。

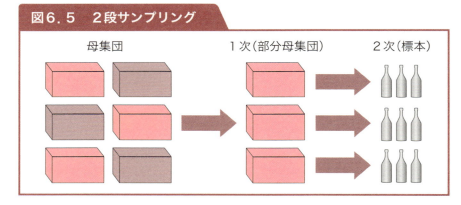

図6.5　2段サンプリング

例として、10本(びん)の薬品が入った段ボール箱が20箱納入され、成分調査のため5箱をランダムにサンプリングし、そして各箱から5本を抜き取りするときの方法が挙げられます。

(6) 有意サンプリング

(1)～(5)のランダムサンプリングに対して、有意サンプリングという方法もあります。これは、サンプリングにおいて、母集団を構成する単位体などが、サンプルとして選ばれる確率が**等しくない**ものをいいます。

例として、お客さんに製品のサンプルを提示するときに、出来栄えのよい製品を選んで、見せるようなときのサンプリング方法が挙げられます。

2 | 検査の種類

検査には、次の2つの機能があります。

①品物を何らかの方法で試験した結果を、品質判定基準と比較して、個々の品物の「良品」「不良品」の判定を行うこと。

②ロット（製品管理上の精算単位）の判定基準と比較して、ロットの「合格」「不合格」の判定を下すこと。

また、上の2つの機能を元に、下記のような検査を行います。

（1）受け入れ検査・購入検査

受け入れ検査とは、提出されたロットを、受け入れてよいかどうかを判定するために行う検査です。

購入検査とは、受け入れ検査の中でも、とくに、外部から購入する場合の検査をいいます。

（2）工程間検査（中間検査）

工程検査とは、工場内において、半製品をある工程から次の工程に移動してよいかどうかを判定するために行う検査です。中間検査ともいいます。

（3）最終検査・出荷検査

最終検査とは、できあがった品物が、製品として要求事項を満足しているかどうかを判定するために行う検査です。

出荷検査とは、製品を出荷する際に行う検査をいいます。

3 | 検査の方法

（1）全数検査

全数検査とは、ロット内のすべての検査単位について行う検査をいいます。

（2）無試験検査・間接検査

　無試験検査とは、品質情報・技術情報などに基づいて、サンプルの試験を省略する検査です。この検査は品質が安定していて、不適合品がほとんど発生せず、また、発生しても、そのために顧客に迷惑となることがない場合に採用されます。したがって、**書類**だけでロットの合格、不合格を判定することになります。

　間接検査とは、受け入れ検査で、供給者側のロットごとの検査成績を必要に応じて確認することにより受け入れ側の試験を省略する検査をいいます。この場合も**書類**だけでロットの合格、不合格を判定することになります。

（3）抜き取り検査

　抜き取り検査とは、あらかじめ定められた**抜き取り検査**方式に従って、ロットからサンプルを抜き取って試験し、その結果をロット判定基準と比較して、そのロットの合格・不合格を判定する検査です。

　抜き取り検査方式とは、検査ロットから抜き取るサンプルの大きさnとロットを合格と判定する最大の不適合品数(合格判定個数：c)の組み合わせをいいます。

　サンプル中に発見された不適合品xが「合格判定個数：c」より大きければ、そのロットは不合格と判定します(下図参照)。逆に、不適合品xが「合格判定個数：c」以下ならば、そのロットは合格と判定します。

図6.6　抜き取り検査方式

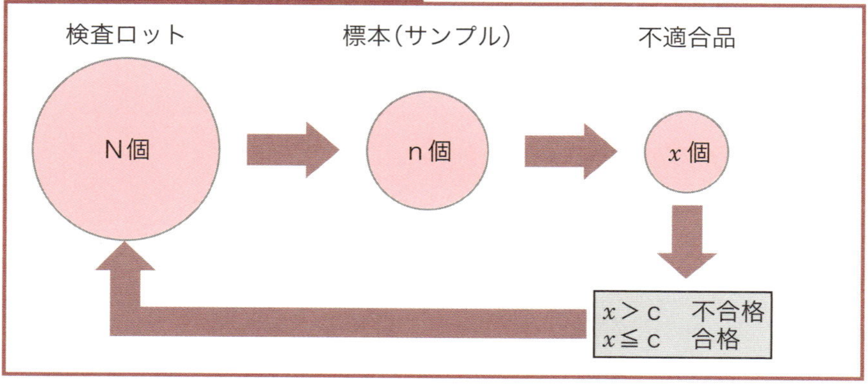

検査ロット　　　　　標本(サンプル)　　　　不適合品

N個　→　n個　→　x個

$x > c$　不合格
$x \leqq c$　合格

4 抜き取り検査

(1) OC曲線 (検査特性曲線)

　下図のように横軸にロットの品質をとり、縦軸にロットの合格する確率をとって、ある抜き取り検査方式 (n、c) における、ロットの不適合品率に対するロットの合格する割合をプロットすると、1本の曲線が得られます。これをOC曲線 (検査特性曲線) といいます。この曲線からは、「ある品質のロットがどれくらいの割合で合格になるか」を読み取ることができます。

　たとえば、n＝20、c＝2の計数1回抜き取り検査のOC曲線は下図のようになります。この図から、ロットの不適合品率が5％のロットは**0.92 (92％)** の確率で合格し、不適合品率が20％のロットが合格する確率は**0.24 (24％)** であることがわかります。

図6.7　OC曲線

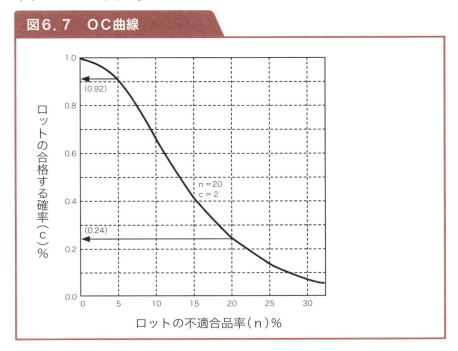

5 | 計数規準型抜き取り検査

計数規準型抜き取り検査とは、売り手に対して不適合品率 P_0（たとえば 1.0%）のような**品質のよいロットが不合格となる割合 α（生産者危険）**を一定の小さな値に、また、買い手に対して不適合品率 P_1（たとえば6.0%）のような**品質の悪いロットが合格となる割合 β（消費者危険）**を一定の小さな値にした、両者の保護がなされている検査のことをいいます。代表的なものに**「JIS Z 9002　計数規準型1回抜き取り検査表」**（付表6参照）があります。

付表6「計数規準型1回抜き取り検査表」の見方について、例を挙げながら説明していきます。

[例1] P_0＝1.0%、P_1＝6.0%の場合の n、c を求める。

付表6の計数規準型1回抜き取り検査表で P_0＝1.0%を含む行と、P_1＝6.0%を含む列の交わる欄を読み取ります。欄内の左の「80」が**サンプルサイズ**（試料の大きさ）、右の「2」が**合格判定個数**となります。

よって、抜き取り検査方式は n＝80、c＝2 を表します。言い換えれば、80個のサンプル（試料）をランダムにロットから抜き取って検査し、不良品（不適合品）が、0個、1個、2個のいずれかのときはロットを合格とし、不良品（不適合品）が3個以上のときは不合格とします。

[例2] P_0＝0.15%、P_1＝15.0%の場合の n、c を求める。

P_0＝0.15%を含む行と、P_1＝15.0%を含む列の交わる欄を読み取ると"←"が表示されています。この矢印に従って左欄を見ると"↓"が表示され、さらに矢印の通り進んで、最後の数値欄を読みとると、n＝20、c＝0 が抜き取り検査方式となります。

[例3] P_0＝2.0%、P_1＝4.0%の場合の n、c を求める。

P_0＝2.0%を含む行と、P_1＝4.0%を含む列の交わる欄を読み取ると"＊"が表示されています。"＊"の場合は、**付表7「抜き取り検査設計補助表」**を用いて計算します。$\dfrac{P_1}{P_0}$＝2.0より　c＝15となります。

また、n は、$n = \dfrac{502}{2} + \dfrac{1065}{4} = 517.25$　となります。

よって、抜き取り検査方式は、n＝518[※]、c＝15となります。

※抜き取り検査の値は正の整数。n は517より大きいので、518となる。

6 | 調整型抜き取り検査

6章 サンプリングと検査

　調整型抜き取り検査とは、過去の検査の品質実績から合理的な検査を行うものです。よい品質のロットであれば、検査を緩和(サンプル数を少なく)したり、逆に悪い品質のロットであれば検査を厳しく(サンプル数を多く)したりして、そこから得られた実績を検査水準にフィードバックする抜き取り検査方式です。

　具体的には、その方法は、**「JIS Z 9015-1」**にて定められています。JIS Z 9015-1とは、ロットごとの検査に対する「ＡＱＬ指標型抜き取り検査方式」と呼ばれるものです。JIS Z 9015-1では、品質指標としてＡＱＬを使用します。ＡＱＬとは、Acceptable Quality Levelの略で、「合格品質水準」を意味します。工程平均として十分だと考えられる**不良率の上限**や、合格することのできる**最低限の品質**を指し、つまり、ロットの品質などに応じて、受け取り側が、検査基準を「**なみ**」「**きつい**」「**ゆるい**」と調整できる抜き取り検査方式です。

　例を挙げながら説明します。まず、検査するロットサイズに従って、**付表8**「**サンプル文字**」から、サンプルサイズ文字を探します。たとえばロットサイズが 500個であれば、通常検査水準Ⅱの欄を見て、文字がH であることを確認します(一般的用途としては、通常検査水準Ⅱを使用します。下の**表6.1**を参照)。

表6.1 サンプル文字

ロットサイズ	特別検査水準				通常検査水準		
	S - 1	S - 2	S - 3	S - 4	Ⅰ	Ⅱ	Ⅲ
2～8	A	A	A	A	A	A	B
9～15	A	A	A	A	A	B	C
16～25	A	A	B	B	B	C	D
26～50	A	B	B	C	C	D	E
51～90	B	B	C	C	C	E	F
91～150	B	B	C	D	D	F	G
151～280	B	C	D	E	E	G	H
281～500	B	C	D	E	F	H	J
501～1200	C	C	E	F	G	J	K
1201～3200	C	D	E	G	H	K	L
3201～10000	C	D	F	G	J	L	M
10001～35000	C	D	F	H	K	M	N
35001～150000	D	E	G	I	L	N	P
150001～500000	D	E	G	J	M	P	Q
500001以上	D	E	H	K	N	Q	R

157

次に、ＡＱＬと呼ばれる合格品質水準を決めます。たとえばＡＱＬ＝1.0％であれば、**付表9「なみ検査の1回抜き取り検査方式」**より抜粋した下表からサンプル文字Hの行とＡＱＬ1.0 の列が交差した部分を探し、サンプルサイズと合格判定個数（Ａｃ）、および不合格判定個数（Ｒｅ）の値を求めます。

表6.2　なみ検査の1回抜き取り検査方式（抜粋）

サンプル文字	サンプルサイズ	合格品質限界（ＡＱＬ）、単位：パーセント不適合品率、100単位当たりの不適合数（なみ検査）																						
		0.01		0.015		0.025		0.04		0.065		0.1		0.15		0.25		0.4		0.65		1.0		1.5	
		Ac	Re	Ac	Re	Ac	Re	Ac	Re	Ac	Re	Ac	Re	Ac	Re	Ac	Re	Ac	Re	Ac	Re	Ac	Re	Ac	Re
A	2	↓		↓		↓		↓		↓		↓		↓		↓		↓		↓		↓		↓	
B	3	↓		↓		↓		↓		↓		↓		↓		↓		↓		↓		↓		↓	
C	5	↓		↓		↓		↓		↓		↓		↓		↓		↓		↓		↓		↓	
D	8	↓		↓		↓		↓		↓		↓		↓		↓		↓		↓		↓		0	1
E	13	↓		↓		↓		↓		↓		↓		↓		↓		↓		↓		0	1	↑	
F	20	↓		↓		↓		↓		↓		↓		↓		↓		↓		0	1	↑		↑	
G	32	↓		↓		↓		↓		↓		↓		↓		↓		0	1	↑		↑		1	2
H	50	↓		↓		↓		↓		↓		↓		↓		0	1	↑		↑		1	2	2	3
J	80	↓		↓		↓		↓		↓		↓		0	1	↑		↑		1	2	2	3	3	4
K	125	↓		↓		↓		↓		↓		0	1	↑		↑		1	2	2	3	3	4	5	6

　今回の場合（**なみ**検査の1回抜き取り検査）であれば、サンプルサイズが 50 個で、不適合品が1個以内ならロット合格、2個以上ならロット不合格となります。

　検査結果のレベルによって、サンプルサイズや判定値の厳しさを調節する基準は、**JIS Z 9015-1**で定められています（基準の内容については、本書では省略します）。生産者の工程平均レベルが取り決めたＡＱＬより低くなれば、不合格ロットは出にくくなり、**ゆるい**検査に移行します。その場合、サンプルサイズも小さくなり、検査コストも当然少なくなります。

チェック問題

赤シートで正解を隠して問題を解いてください。

6章 サンプリングと検査

[問1] 次の文章を読み，①〜⑤についてそれぞれ，最も適切なサンプリングを下の選択肢から選べ。ただし，各選択肢を複数回用いることはない。

Y社では，X社向けの部品を生産された順に箱詰めを行っている。X社では，定期的に，Y社より1箱20個入った部品，100箱を入荷している。この部品の品質特性 x を測定するためのサンプリング方法を検討したい。

①入荷した100箱の部品箱から，ランダムに50箱を選び，各箱内の部品をすべて測定する。

②入荷した100箱の部品箱から，ランダムに50箱を選び，選んだ箱それぞれの部品20個の中からランダムに10個選んで測定する。

③入荷した全部品2000個の中から，生産順に一定の間隔で10個選んで，測定する。

④入荷した100箱の部品箱すべての箱に対して，箱ごとにランダムに10個選んで測定する。

⑤入荷した全部品2000個の中から，ランダムに部品100個を選んで測定する。

【選択肢】
ア．系統サンプリング **イ**．単純ランダムサンプリング
ウ．2段サンプリング **エ**．層別サンプリング
オ．集落サンプリング

正解 ①**オ** ②**ウ** ③**ア** ④**エ** ⑤**イ**

[問2] 「JIS Z 9002の計数規準型1回抜き取り検査表」（巻末の付表6）および「抜き取り検査設計補助表」（付表7）を用いて，次の抜き取り検査方式を求めよ。

①$P_0 = 1\%$ $P_1 = 3\%$ ②$P_0 = 1\%$ $P_1 = 8\%$
③$P_0 = 1\%$ $P_1 = 2\%$

正解 ①$n = $**300**，$c = $**6** ②$n = $**60**，$c = $**2** ③$n = $**1035**，$c = $**15**

[問3] JIS Z 9015-1の（付表8～12）を用いて，次の設問（1）～（5）の抜き取り検査方式を求める。このとき，①～⑳に入るものを答えよ。

（1）検査水準Ⅱ，ＡＱＬ＝1.0％の製品がある。ロットサイズはＮ＝1000である。そのときの，サンプル文字は ① である。
また，なみ検査の1回抜き取り検査方式を採用する場合の抜き取り検査方式は，n＝ ② ，Ａc＝ ③ ，Ｒe＝ ④ なので，この検査でサンプル中に2個の不適合品があった場合は，検査の判定は ⑤ となる。

（2）検査水準Ⅱ，ＡＱＬ＝1.0％の製品がある。ロットサイズはＮ＝1000である。そのとき，きつい検査の1回抜き取り検査方式を採用する場合の抜き取り検査方式は，n＝ ⑥ ，Ａc＝ ⑦ ，Ｒe＝ ⑧ である。

（3）検査水準Ⅱ，ＡＱＬ＝1.0％の製品がある。ロットサイズはＮ＝1000である。そのとき，ゆるい検査の1回抜き取り検査方式を採用する場合の抜き取り検査方式は，n＝ ⑨ ，Ａc＝ ⑩ ，Ｒe＝ ⑪ である。

（4）検査水準Ⅱ，ＡＱＬ＝1.0％の製品がある。ロットサイズはＮ＝1000である。そのとき，なみ検査の2回抜き取り検査方式を採用する場合の抜き取り検査方式は，
n_1＝ ⑫ ，Ac_1＝ ⑬ ，Re_1＝ ⑭ である。
n_2＝ ⑮ ，Ac_2＝ ⑯ ，Re_2＝ ⑰ である。

（5）検査水準Ⅱ，ＡＱＬ＝1.0％の製品がある。ロットサイズはＮ＝200であるときの，なみ検査の1回抜き取り検査方式を採用する場合の抜き取り検査方式は，n＝ ⑱ ，Ａc＝ ⑲ ，Ｒe＝ ⑳ である。

正解	①J	②80	③2	④3	⑤合格	⑥80	⑦1	⑧2
	⑨32	⑩1	⑪2	⑫50	⑬0	⑭3	⑮50	⑯3
	⑰4	⑱50	⑲1	⑳2				

	解　説

【問1】

①入荷した100箱の部品箱から，ランダムに50箱を選び，各箱内の部品をすべて測定する。これは，「母集団をいくつかの集落に分割し，全集落からいくつかの集落をランダムに選び，選んだ集落に含まれるサンプリング単位をすべて取る」**集落サンプリング**に該当する。よって，正解は**オ**。

②入荷した100箱の部品箱から，ランダムに50箱を選び，選んだ箱それぞれの部品20個の中からランダムに10個選んで測定する。これは，「母集団をいくつかの群に分け，1段目のサンプリングとしてランダムに群を複数選択し，次に2段目のサンプリングとして1段目で選んだ群からサンプルを選ぶ」**2段サンプリング**に該当する。よって，正解は**ウ**。

母集団　　　　　1次　　　　　　　2次
100箱　⟹　50箱(20個)　⟹　10個

③入荷した全部品2000個の中から，生産順に一定の間隔で10個選んで，測定する。これは，「母集団中のサンプリング単位が，生産順のような何らかの順序で並んでいるとき，一定の間隔でサンプリング単位を取る」**系統サンプリング**に該当する。よって，正解は**ア**。

④入荷した100箱の部品箱すべての箱に対して，箱ごとにランダムに10個選んで測定する。これは，「母集団を層別し，各層から1つ以上のサンプリング単位をランダムに取る」**層別サンプリング**に該当する。よって，正解は**エ**。

⑤入荷した全部品2000個の中から，ランダムに部品100個を選んで測定する。これは，「母集団からサンプルサイズn個のサンプリング単位を取り出す，すべての組み合わせが同じ確率になる」**単純ランダムサンプリング**に該当する。よって，正解は**イ**。

【問2】

①計数規準型1回抜き取り検査方式は「JIS Z 9002計数規準型1回抜き取り検査方式」(付表6)において，条件の交差した個所の抜き取り検査方式を読み取ることによって求めることができる。

　　よって，正解はn＝300，c＝6

②条件の交差した個所が矢印の場合には，矢印の方向に従い移動する。移動する方向は矢印の指示に従う。nとcの数値があるところが最終到達である。

　　よって，正解はn＝60，c＝2

③条件の交差した表中の個所が＊印の場合には，「抜き取り検査設計補助表」(付表7)を使用して，求めることになる。

　　まず，P_1とP_0との比を求める。

$$\frac{P_1}{P_0} = \frac{2}{1} = 2 \quad 表より，c=15$$

　　次に，サンプルのサイズnは計算で求める。

　　表中の，$\frac{P_1}{P_0}$の値に該当する行の式から，

$$n = \frac{502}{P_0} + \frac{1065}{P_1} = \frac{502}{1} + \frac{1065}{2} = 502 + 532.5 = 1034.5$$

　　整数値に直して，n＝1035　となる。

　　よって，正解はn＝1035，c＝15

【問3】

(1)検査水準は，特別な理由がない場合，「通常検査水準Ⅱ」を用いる。サンプルサイズを小さくしたい場合は，「特別検査水準S-1」～「通常検査水準Ⅱ」を用いる。逆に，サンプル数を大きくしたい場合は，右の欄にある「通常検査水準Ⅲ」を用いる。よって，①はJ。

　　また，なみ検査の1回抜き取り検査方式を採用する場合の抜き取り検査方式は，JISZ9015-1の付表9「なみ検査の1回抜き取り検査」方式

より求められる。同表のサンプル文字 J から，サンプルサイズ(試料の大きさ) n =80を読み取ることができる。よって，②は80。

A c は合格判定個数であり，同表からA Q L ＝1.0%のときに，A c ＝2，R e ＝3と読み取ることができる。よって，③は2，④は3。ここで，A c ＝2とは，サンプルの中に不適合品が2個以下の場合は合格と判定することを意味している。また，R e ＝3とは，サンプルの中に不適合品が3個以上の場合は不合格と判定することを意味している。そして，サンプル中に2個の不適合品があった場合の判定⑤は**合格**となる。

(2)きつい検査の1回抜き取り検査方式を採用する場合の抜き取り検査方式は，JIS Z 9015-1の付表10「きつい検査の1回抜き取り検査」方式より求められる。よって，⑥はn ＝80，⑦はA c ＝1，⑧はR e ＝2。

きつい検査では一般的に，サンプルの大きさが同じでも，合格判定個数は小さくなり，なみ検査よりその名の通りきつくなって，合格しにくいものになる。

(3)ゆるい検査の1回抜き取り検査方式を採用する場合の抜き取り検査方式は，JIS Z 9015-1の付表11「ゆるい検査の1回抜き取り検査」方式より求められる。よって，⑨はn ＝32，⑩はA c ＝1，⑪はR e ＝2。

(4)なみ検査の2回抜き取り検査方式を採用する場合の抜き取り検査方式は，JIS Z 9015-1の付表12「なみ検査の2回抜き取り検査」方式より求められる。表から，
⑫は n_1 ＝50，⑬は $A c_1$ ＝0，⑭は $R e_1$ ＝3
⑮は n_2 ＝50，⑯は $A c_2$ ＝3，⑰は $R e_2$ ＝4
と読み取ることができる。

この場合の検査はまず，ロットから n_1 ＝50のサンプルをとって検査する。その結果，不適合品が0個であれば合格と判定し，不適合品が

3個以上ならば不合格と判定する。

仮に，サンプル中に，不適合品が1個か2個ある場合は，合否の判定をせず，第2のサンプルn_2＝50を新たに抜き取る。合計サンプル数は100となり，その中にある不適合品の数が3個以下ならば合格，4個以上ならば不合格と判定する。

2回抜き取り検査では，ＡｃとＲｅの個数には差がある。第1回のサンプルで合否の判定がついた場合は，ここで検査は終了となり，1回抜き取り検査方式よりも少ないサンプルで判定できたことになる。
しかし，1回目でＡｃ，Ｒｅの間にある数値ならば，2回目のサンプルをとって，1回目と2回目の合計で，合格不合格の判定を行うことになり，1回抜き取り検査よりサンプル数は多くなってしまう。

(5) 付表8より，ロットサイズが200のときのサンプルサイズはG。抜き取り検査表の該当箇所が矢印の場合は，矢印の指示に従い，Ａｃ，Ｒｅの与えられている行まで移動する。そのときには，サンプルサイズも元のGではなく，その行のサンプルサイズHを用いる。表から，n＝50，Ａｃ＝1，Ｒｅ＝2と読み取ることができる。
よって，⑱は50，⑲は1，⑳は2。

7章
管理図

7章では、「管理図」について学びます。管理図は「QC7つ道具」のひとつですが、この2級の試験範囲では独立した項目として扱われ、「管理図の種類や使い方」などが出題範囲として発表されています。

1 | 管理図とは

　管理図は、
● 工程が安定な状態にあるかどうかを調べるため
● 工程を安定な状態に保持するため
に用いられる図です。

　管理限界を示す一対の線（**上方管理限界線**、**下方管理限界線**）を引いて、品質特性値など管理すべき数値をプロット（打点）したときに、その点が管理限界線の間にあって、点の並び方にくせ（傾向）がなければ、「**工程が安定な状態**」と判断します。

　逆に、点が管理限界線の外に出たり、点の並び方にくせがあれば、「**異常**」と判断し、原因を取り除きます。

2 | 管理図の種類

表7.1　管理図の種類

計量値に用いる管理図	$\bar{x} - R$管理図	平均値と範囲の管理図
	$\tilde{x} - R$管理図	メディアンと範囲の管理図
	$x - R_s$管理図	個々の測定値と移動範囲の管理図
計数値に用いる管理図	ｐｎ管理図	不良個数の管理図
	ｐ管理図	不良率の管理図
	ｃ管理図	欠点数の管理図
	ｕ管理図	単位当たり欠点数の管理図

（1）$\bar{x} - R$管理図

　品質特性として、長さや重さなどの計量値で工程を管理するときに用います。各群ごとに取られたデータについて、群ごとの平均値（$\bar{x}$）と範囲（R）を求め、「$\bar{x}$管理図」および「R管理図」に別々にプロット（打点）します。

　$\bar{x}$管理図は「**工程平均（群間）**」の変化、R管理図は「**群内のばらつき**」の変化を

見るために用いられます。管理する$\bar{x}$とRを求める1組のサンプルのことを**群**、1組が何個のサンプルからなっているかを示すものを群の大きさといいます。群の大きさは2～6個くらいが妥当とされています。

（2）$\tilde{x}$－R管理図

$\bar{x}$－R管理図の$\bar{x}$の代わりに、$\tilde{x}$（メディアン）を用いたものです。**平均値$\bar{x}$を計算する必要がない**、というメリットがあります。

（3）x－R$_s$管理図

x－R$_s$管理図は、得られた測定値xをそのまま打点して、工程を管理する場合に用いられます。1つの群から何らかの理由で、1個の測定値しか得られない場合や、測定結果からできるだけ早く工程の安定状態を知りたいときに用いられます。範囲は、**移動範囲（R$_s$）**を用います。

（4）ｐn管理図

サンプル中に不良品が何個あったかという、**不良個数**ｐnで工程を管理するときに用いられます。ただし、サンプルの大きさが一定の場合のみしか適用できません。

（5）ｐ管理図

不良率ｐで工程を管理するために用いられます。ｐn管理図とは違い、サンプルの大きさは、適用条件とはなりません。

（6）ｃ管理図

たとえば「織物の織りムラ」や「鋼板のきずの数」など、欠点数によって工程を管理する場合に用いられます。サンプルの大きさが一定のときに用いられ、サンプル中の**欠点数**ｃで表します。

（7）ｕ管理図

欠点の数によって工程を管理する場合のうち、サンプルの大きさが一定でない場合に用いられます。サンプル中の欠点数ｃを、その**単位当たりの欠点数**ｕに直して管理図を作ります。

167

3 管理図の用語について

管理図について、次の用語を覚えて(おさらいをして)おきましょう。
①**中心線(CL)**：平均値を示す線を「中心線」といい、実線で引く。
②**管理限界線**：中心線の上下に破線で引き、上側の線は「上方管理限界線(UCL)」、下側の線は「下方管理限界線(LCL)」という。
一般的に、各管理限界線は中心線から標準偏差の3倍の幅をとっている。つまり、約99.7％の打点値が管理幅の内側に入り、外側に外れることが約0.3％であることが知られている。
③**群**：サンプリングされたデータのかたまり。たとえば、時間ごと、ロットごとによって決定する。
④**n**：群の大きさを示す値。サンプルサイズともいう。

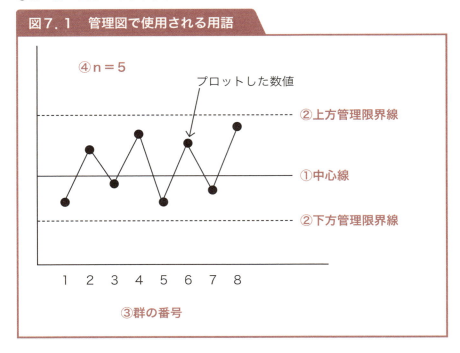

図7.1　管理図で使用される用語

4 | 管理図の作り方

「2. 管理図の種類」で示した各管理図の作り方を、手順を追いながら説明していきます。

（1）$\bar{x} - R$ 管理図の作り方

手順1　表7.2のデータ表のように1日に4個、20日間のデータを集めて管理図を作成した場合、この管理図における「群」は1日となります。また、**サンプルサイズ**はn＝4であり、**群の数**はk＝20となります。

表7.2　データ表

| 群の番号 | 測定値 | | | | 計 | 平均値 | 範囲 |
	x_1	x_2	x_3	x_4	Σx	$\bar{x}$	R
1	69	65	65	69	268	67.0	4
2	61	68	65	68	262	65.5	7
3	65	66	65	63	259	64.8	3
4	66	65	64	67	262	65.5	3
5	66	67	63	63	259	64.8	4
6	64	65	64	65	258	64.5	1
7	65	66	66	66	263	65.8	1
8	67	69	62	61	259	64.8	8
9	67	67	69	64	267	66.8	5
10	63	65	69	66	263	65.8	6
11	64	66	67	66	263	65.8	3
12	64	70	62	65	261	65.3	8
13	66	61	63	63	253	63.3	5
14	67	63	64	67	261	65.3	4
15	65	63	64	67	259	64.8	4
16	66	65	66	64	261	65.3	2
17	68	69	65	62	264	66.0	7
18	61	63	66	63	253	63.3	5
19	66	65	65	64	260	65.0	2
20	68	65	66	66	265	66.3	3
						1305.0	85

手順2　群ごとに平均値$\bar{x}$を計算します。この例の群番号1の平均値$\bar{x}_1$は、

$$\bar{x}_1 = \frac{268}{4} = 67.0 \quad \text{となります。}$$

手順3　各群の範囲Rを計算します。その計算式は下記の通りです。

　　　R＝xの最大値－xの最小値

この例の群番号1の範囲R_1は、$R_1 = 69 - 65 = 4$　となります。

手順4　管理限界線の計算をします。

1 ）$\bar{x}$管理図の中心線は、**$\bar{x}$の平均$\bar{\bar{x}}$**を計算します。

R管理図の中心線として、$\overline{R}$を計算します。

この例では、$\bar{\bar{x}} = \dfrac{1305}{20} = $**65.25**

$$\overline{R} = \dfrac{85}{20} = \textbf{4.25}　となります。$$

2 ）$\bar{x}$管理図の管理限界線は、次の公式によって計算します。

上方管理限界線　$UCL = \bar{\bar{x}} + A_2 \times \overline{R}$

下方管理限界線　$LCL = \bar{\bar{x}} - A_2 \times \overline{R}$

A_2は群の大きさ（サンプルサイズ）nによって決まる値で、下の「$\bar{x}$－R管理図用係数表」から求めます。この例では、次のようになります。

$UCL = 65.25 + 0.73 \times 4.25 \fallingdotseq$ **68.35**

$LCL = 65.25 - 0.73 \times 4.25 \fallingdotseq$ **62.15**

3 ）R管理図の管理限界線は、次の公式で計算します。

上方管理限界線　$UCL = D_4 \times \overline{R}$

下方管理限界線　$LCL = D_3 \times \overline{R}$

D_3、D_4は群の大きさnによって決まる値で、下の「$\bar{x}$－R管理図用係数表」から求めます。

なお、nが**6以下**の場合は、R管理図のLCLは考えないで、

$UCL = 2.28 \times 4.25 = $ **9.69**　だけとなります。

手順5　管理図用紙への記入と安定状態の確認を行います。

表7.3　$\bar{x}$－R管理図用係数表

サンプルサイズ n	$\bar{x}$管理図 A_2	R管理図			
		D_3	D_4	d_2	d_3
2	1.88	—	3.27	1.128	0.853
3	1.02	—	2.57	1.693	0.888
4	0.73	—	2.28	2.059	0.880
5	0.58	—	2.11	2.326	0.864
6	0.48	—	2.00	2.534	0.848
7	0.42	0.08	1.92	2.704	0.833
8	0.37	0.14	1.86	2.847	0.820
9	0.34	0.18	1.82	2.970	0.808
10	0.31	0.22	1.78	3.078	0.797

（2）$\tilde{x}$－R管理図の作り方

手順1　データを採取します。

手順2　群ごとに$\tilde{x}$(メディアン、中央値)を計算します。

手順3　各群の範囲Rを計算します。その計算式は下記の通りです。
　　　　　R＝xの最大値－xの最小値

手順4　中心線(CL)の計算をします。
　1）$\tilde{x}$管理図の中心線は、**$\tilde{x}$の平均値** $\bar{\tilde{x}}$ を計算して求めます。

$$\bar{\tilde{x}} = \frac{\Sigma \tilde{x}}{k} \qquad \Sigma \tilde{x}：\tilde{x}\text{の総和} \qquad k：\text{群の数}$$

　2）R管理図の計算方法は、「（1）$\bar{x}$－R管理図」と同じです。

手順5　管理限界線の計算をします。
　1）$\tilde{x}$管理図の管理限界線は、次の公式によって計算します。
　　　　上方管理限界線　　$UCL = \bar{\tilde{x}} + m_3A_2 \times \overline{R}$
　　　　下方管理限界線　　$LCL = \bar{\tilde{x}} - m_3A_2 \times \overline{R}$
　　m_3A_2は群の大きさnによって決まる値で、下の「$\tilde{x}$管理図係数表」から求めます。

　2）R管理図の管理限界線は、$\bar{x}$－R管理図の管理限界線と同じです。

表7.4　$\tilde{x}$管理図係数表

サンプルサイズn	$\tilde{x}$管理図
	m_3A_2
2	1.880
3	1.187
4	0.796
5	0.691
6	0.549
7	0.509
8	0.432
9	0.412
10	0.363

手順6　管理図用紙への記入と安定状態の確認を行います。

（3）$x-R_s$管理図の作り方

手順1　データを採取します。**各群から１つ**サンプルをとって測定します。

手順2　移動範囲R_sの計算をします。その計算式は次の通りです。
　　　　　$R_s=|（i番目の測定値）-（i+1番目の測定値）|$

手順3　中心線（ＣＬ）の計算をします。
　　１）x管理図の中心線は、次の公式によって計算します。
　　　　$\bar{x}=\dfrac{\sum x}{k}$　　　$\sum x$：測定値の総和　　　k：群の数
　　２）R_s管理図の中心線は、次の公式によって計算します。

　　　　$\overline{R_s}=\dfrac{移動範囲の総和}{k-1}$

手順4　管理限界線の計算をします。
　　１）x管理図の管理限界は、次の公式によって計算します。
　　　　上方管理限界線　　$UCL=\bar{x}+2.66\overline{R_s}$
　　　　下方管理限界線　　$LCL=\bar{x}-2.66\overline{R_s}$
　　２）R_s管理図の管理限界線は、次の公式によって計算します。
　　　　上方管理限界線　　$UCL=3.27\overline{R_s}$
　　　　下方管理限界線　　$LCL=$**考えない**

手順5　管理図用紙への記入と安定状態の確認を行います。

（4）ｐｎ管理図の作り方

手順1　データを採取します。

手順2　中心線（ＣＬ）の計算をします。
　　　　ｐｎ管理図の中心線は、$\bar{p}$ｎの計算をして求めます。

　　　　$\bar{p}n=\dfrac{\textbf{不良個数}の総和}{群の数}$

手順3　管理限界線の計算をします。その公式は次の通りです。
　　　　上方管理限界線　　$UCL=\bar{p}n+3\sqrt{\bar{p}n(1-\bar{p})}$
　　　　下方管理限界線　　$LCL=\bar{p}n-3\sqrt{\bar{p}n(1-\bar{p})}$

手順4　管理図用紙への記入と安定状態の確認を行います。

（5）p管理図の作り方

手順1　データを採取します。p管理図では、サンプルを**約20群**とり、各群の中の**不良個数**pnを調査します。各群の不良率pを計算します。その公式は次の通りです。

$$p = \frac{pn}{n}$$

pn：サンプル中の不良個数　　n：1群のサンプルサイズ

手順2　中心線（CL）の計算をします。その公式は次の通りです。

$$\overline{p} = \frac{\Sigma\,pn}{\Sigma\,n}$$

Σpn：不良個数の総和　　Σn：検査個数の総和

手順3　管理限界線の計算をします。その公式は次の通りです。

上方管理限界線　　$UCL = \overline{p} + 3\sqrt{\dfrac{\overline{p}(1-\overline{p})}{n}}$

下方管理限界線　　$LCL = \overline{p} - 3\sqrt{\dfrac{\overline{p}(1-\overline{p})}{n}}$

手順4　管理図用紙への記入と安定状態の確認を行います。

（6）c管理図の作り方

手順1　データを採取します。c管理図では、**大きさ一定**のサンプルを約20群とり、各群の中での**欠点数**cを調査します。

手順2　中心線（CL）の計算をします。その公式は次の通りです。

$$\overline{c} = \frac{\Sigma\,c}{k}$$

$\overline{c}$：工程平均欠点数　　Σc：欠点数の総和　　k：群の数

手順3　管理限界線の計算をします。その公式は次の通りです。

上方管理限界線　　$UCL = \overline{c} + 3\sqrt{\overline{c}}$

下方管理限界線　　$LCL = \overline{c} - 3\sqrt{\overline{c}}$

手順4　管理図用紙への記入と安定状態の確認を行います。

（7）u 管理図の作り方

手順1 データを採取します。u 管理図では、**大きさの異なる**サンプルを約20群とり、そのサンプルサイズ（面積、長さなど）と、サンプル中のの**欠点数** c を調査します。

手順2 中心線（CL）の計算をします。その公式は次の通りです。

$$\overline{u} = \frac{\Sigma c}{\Sigma n} \qquad \Sigma c：欠点数の総和 \quad \Sigma n：サンプルの大きさの総和$$

また、単位当たりの欠点数 u を計算します。その公式は次の通りです。

$$u = \frac{c}{n} \qquad c：サンプル中の欠点数 \quad n：サンプルサイズ$$

手順3 管理限界線の計算をします。その公式は次の通りです。

$$上方管理限界線 \quad UCL = \overline{u} + 3\sqrt{\frac{\overline{u}}{n}}$$

$$下方管理限界線 \quad LCL = \overline{u} - 3\sqrt{\frac{\overline{u}}{n}}$$

手順4 管理図用紙への記入と安定状態の確認を行います。

5 | 管理図の見方

工程が**安定状態**にあるかどうかを判定する基準は次の通りです。
- プロットされた点が**管理限界線**の外に出ていない
- 点の並び方に**くせ（傾向）**がない

注意すべき点は、規格値線と混同しないことです。

規格値は合格、不合格を判定するためのものであって、工程の管理状態を把握するものではなく、一方、管理限界線は工程が管理、安定状態にあるのかどうかを判定するためのものであり、個々の製品の合格、不合格を判定するためのものではないことを再確認しておいてください。

さらに、統計を用いて管理を行う場合、常に次の**2つの誤り**を犯す危険があることを理解して管理図を使用する必要があります。

（1）第一種の誤り（あわてものの誤りともいい、αで表す）

異常が発生していないのに「異常が発生した」と判断する誤りです。管理図において、一般的に管理限界線は、管理特性の分布の標準偏差の3倍のところに設定しています。これは、特性値が正規分布に従うときに限界から外れる確率が0.3％になるということです。つまり、第一種の誤りを犯す確率が0.003あるということです。

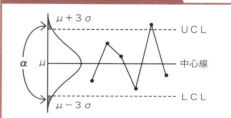

図7.2　第一種の誤り

発生していないのに「異常が発生」したと判断してしまう誤り。

（2）第二種の誤り（ぼんやりものの誤りともいい、βで表す）

異常が発生しているのにそれを見過ごす誤りです。工程が安定していないのに、データが管理限界線の内側に入っているために、工程は安定しているとする誤りをいいます。

2つの判断の誤りをまとめると、次の表のようになります。

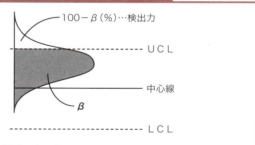

図7.3　第二種の誤り

異常が発生しているのにそれを見過ごす誤り。

表7.5　管理図による判断の誤り

管理図の点＼工程	異常なし	異常発生
管理限界内	（正しい判断）	第二種の誤り
管理限界外	第一種の誤り	（正しい判断）

6 工程が異常状態と判定するためのルール

　JIS Z 9021「シューハート管理図」では、ほぼ規則的な間隔でサンプリングをして、データを収集します。同じ間隔からとられた複数のデータのかたまりを群と呼び、群から平均値などの特性値を得ます。グラフは、中心線や上方管理限界、下方管理限界の線を描き、群の順番に特性値をプロット(打点)します。シューハート管理図による管理方法は、**3シグマ法管理図**とも呼ばれています。

　JIS Z 9021 「シューハート管理図」では、8つの異常判定のルール(図7.7参照)を示しています。

　図7.7では、上方管理限界線と下方管理限界線の間を**1シグマ**で6つの領域に分け、その領域を下方管理限界から順にA、B、C、(中心線)、C、B、Aとしています。図7.7のルール1は管理限界線の外に出る点であり、ルール2からルール8までは「点の並び方のくせ」から異常と判定するための基準です。

- **ルール1**：点が管理限界線の外にある場合に、異常と判断する
- **ルール2**：長さ9以上の連が現れた場合に、異常と判断する

　図7.4のように、中心線の一方の側に連続して現れた点の並びを**連**といい、その点の数を**連の長さ**といいます(長さ7以上の**連**が現れた場合に、異常と判断する場合もあります)。

- **ルール3**：6点以上連続して上昇又は下降する場合に、異常と判断する

　図7.5のように、点が上昇または下降することを傾向があるといいます。

- **ルール4**：14点が交互に増減している場合には、異常と判断する
- **ルール5**：図7.6のように、連続する3点中、2点が2シグマから外れた領域A(±3シグマ)またはそれを超えた領域に存在する場合に、異常と判断する

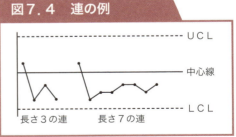

図7.4　連の例

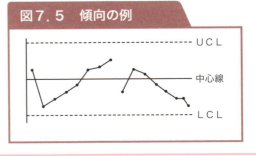

図7.5　傾向の例

● ルール6：連続する5点中、4点が領域B（±2シグマ）またはそれを超えた領域に存在する場合に、異常と判断する

● ルール7：連続する15点が領域C（±1シグマ）に存在する場合に、異常と判断する

図7.6　点が管理限界線に接近する例

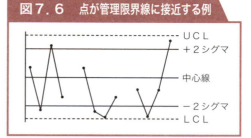

● ルール8：連続する8点が領域C（±1シグマ）を超えた領域にある場合に、異常と判断する

図7.7　管理図の異常判定の基準（JIS Z 9021）

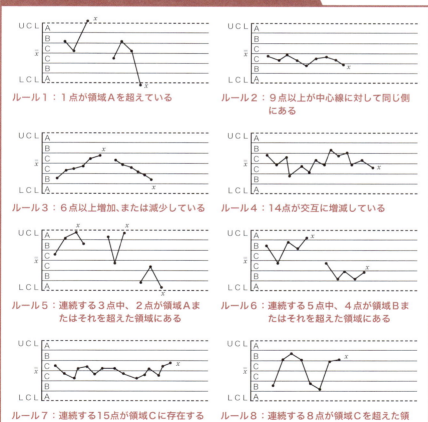

チェック問題

[問1] 次の①〜⑥の文章にあてはまる，最も適切な管理図を下の選択肢から選べ。ただし，各選択肢を複数回用いることはない。

①表面処理工程にて，塗装した厚さ（μm）を6時間おきに1個サンプリング測定し，1日24時間（n＝4）を群とした工程管理を行う。

②ロットごとに毎回100個の部品の検査を行い，その中で発見された不良品を管理図で管理する。

③客先ごとに表面の大きさが異なるアルミ板を生産している工程がある。表面上のきずの発生状況を調べ，管理を行う。

④大きさが一定の規格品（在庫品）のアルミ板を生産している工程がある。表面のきずの発生状況を調べ，管理を行う。

⑤完成品検査（全数検査）で，毎日発生している不良品を管理する。

⑥1日1バッチで生産している工程がある。1バッチを1群として，その歩留り$\left(\dfrac{製品重量}{投入重量}\right)$で工程を管理する。

【選択肢】
ア．p管理図　　　**イ**．$\bar{x}$－R管理図　　　**ウ**．c管理図　　　**エ**．u管理図
オ．pn管理図　　**カ**．x－R_s管理図

正解　①イ　②オ　③エ　④ウ　⑤ア　⑥カ

[問2] 次の各$\bar{x}$－R管理図に関して説明している文章（1）〜（4）において，空欄①〜⑩にあてはまる最も適切な語句を選択肢から選べ。ただし，各選択肢を複数回用いることはない。

（1）管理図1について

●この管理図から，群の大きさ ①　，群の数k ②　を読み取ることができる。

178

- $\bar{x}$管理図では，□③□外れは起こっていないが，プロットされた点が□④□傾向にあるので工程平均が徐々に□⑤□なっていることがわかる。
- R管理図では，□⑥□。

〈管理図1〉

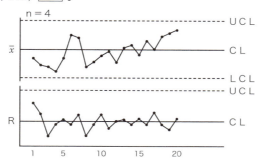

(2) 管理図2について

- $\bar{x}$管理図では，□③□を越えており，□⑦□に異常が起きていることがわかる。よって，その□⑧□を早急に調査する必要がある。
- R管理図では，異常が見られないので，□⑨□に異常が起きていないと考えられる。

〈管理図2〉

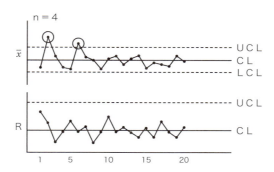

(3) 管理図3について

- $\bar{x}$管理図では，□⑥□。
- R管理図では，□⑨□のばらつきが後半に大きくなっており，今後点の並び方に□⑩□が発生するかどうかの注意が必要である。

179

〈管理図3〉

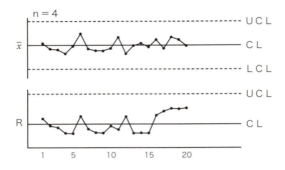

(4) 管理図4について
- $\bar{x}$ 管理図では，⑥ 。
- R管理図では，⑨ のばらつきが大きく，③ を越えていることが見られる。よって，その ⑧ を早急に調査する必要がある。

〈管理図4〉

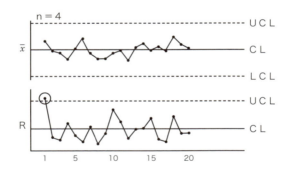

【選択肢】
ア．異常が見られない　　イ．異常が見られる　　ウ．管理限界線
エ．中心線　　　　　　　オ．上昇　　　　　　　カ．下降
キ．大きく　　　　　　　ク．工程不良　　　　　ケ．群内
コ．群間　　　　　　　　サ．要因　　　　　　　シ．くせ
ス．4　　　　　　　　　セ．20　　　　　　　　ソ．小さく

正解　①ス　②セ　③ウ　④オ　⑤キ　⑥ア　⑦コ　⑧サ　⑨ケ　⑩シ

[問3] ある自動車部品の製造会社は，電気部品における接点不良について調査を行った。1か月20日間で毎日3000個の部品をランダムに抽出して不適合品数を調べ，合計すると不適合品総数900のデータを得た。このとき，次の設問（1）〜（3）の空欄①〜③に入る最も適切なものをそれぞれの選択肢からひとつ選べ。

【データ】群の大きさn＝3000，群の数k＝20，不適合品総数＝900
（1）中心線（CL）を示す数値は ① である。
（2）上方管理限界線（UCL）を示す数値は ② である。
（3）下方管理限界線（LCL）を示す数値は ③ である。

【選択肢】
ア．25　イ．30　ウ．35　エ．40　オ．45
カ．50　キ．55　ク．60　ケ．65　コ．70

正解　①オ　②ケ　③ア

[問4] ある部品の内径寸法（mm）の加工工程 $\bar{x}$ −R管理図（作成途中）は下図のとおりである。管理図を完成させるために，次の設問（1）〜（4）の空欄①〜④内に入る最も適切なものを下のそれぞれの選択肢からひとつ選べ。ただし，各選択肢は複数回用いることはない。

（1）$\bar{x}$ 管理図の上方管理限界線を示す数値は ①
（2）$\bar{x}$ 管理図の下方管理限界線を示す数値は ②
（3）R管理図の上方管理限界線を示す数値は ③
（4）R管理図の下方管理限界線を示す数値は ④

なお，計算においては，次ページの係数表の値を用いること。

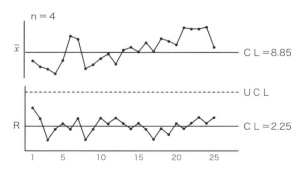

【選択肢】

ア. 5.13　　**イ**. 6.50　　**ウ**. 7.21　　**エ**. 8.80　　**オ**. 10.49

カ. 11.60　　**キ**. 該当しない

〈$\bar{x}$－R管理図用係数表〉

サンプルサイズ n	$\bar{x}$管理図	R管理図			
	A_2	D_3	D_4	d_2	d_3
2	1.88	—	3.27	1.128	0.853
3	1.02	—	2.57	1.693	0.888
4	0.73	—	2.28	2.059	0.880
5	0.58	—	2.11	2.326	0.864
6	0.48	—	2.00	2.534	0.848
7	0.42	0.08	1.92	2.704	0.833
8	0.37	0.14	1.86	2.847	0.820
9	0.34	0.18	1.82	2.970	0.808
10	0.31	0.22	1.78	3.078	0.797

　正解　①**オ**　②**ウ**　③**ア**　④**キ**

[問5] ある自動車部品の製造会社は，大きさが一定のパネル電気部品における「きずの欠点数」について調査を行った。1か月20日間で毎日3000個の部品をランダムに抽出して「きずの欠点数」の発生状況を調べ，合計すると欠点数の総和は90のデータを得た。このデータをもとにc管理図を作成するとき，次の設問（1）～（3）の空欄①～③内に入る最も適切なものを下のそれぞれの選択肢からひとつ選べ。ただし，各選択肢は複数回用いることはない。

【データ】群の大きさn＝3000，群の数k＝20，欠点数の総和＝90

（1）中心線（CL）を示す数値は　①

（2）上方管理限界線（UCL）を示す数値は　②

（3）下方管理限界線（LCL）を示す数値は　③

【選択肢】

ア. 2.5　　**イ**. 3.0　　**ウ**. 3.5　　**エ**. 4.0　　**オ**. 4.5

カ. 1.86　　**キ**. 2.86　　**ク**. 10.86　　**ケ**. 11.86　　**コ**. 考えない

　正解　①**オ**　②**ク**　③**コ**

7章

管理図

[問6] あるコンクリートの生産会社は，サンプルの計測にコストがかかるので，日に1回1個サンプルをランダムに抽出して圧縮強度試験を行っている。1か月20日間試験を行った結果，合計すると総和は500（N/mm²）で，また，移動範囲R_sの合計は40データを得た。このデータをもとにx－R_s管理図を作成するとき，次の設問（1）～（6）の空欄①～⑥内に入る最も適切なものを下のそれぞれの選択肢からひとつ選べ。ただし，各選択肢は複数回用いることはない。

x管理図について （1）中心線（CL）を示す数値は ①

（2）上方管理限界線（UCL）を示す数値は ②

（3）下方管理限界線（LCL）を示す数値は ③

R_s管理図について （4）中心線（CL）を示す数値は ④

（5）上方管理限界線（UCL）を示す数値は ⑤

（6）下方管理限界線（LCL）を示す数値は ⑥

【選択肢】

ア．2.11 **イ**．6.90 **ウ**．19.39 **エ**．25.0 **オ**．30.61 **カ**．考えない

正解 ①エ ②オ ③ウ ④ア ⑤イ ⑥カ

183

解　説

【問1】

①イ．$\bar{x}-R$管理図

　1日24時間（n＝4）を群とした工程管理を行うので，$\bar{x}-R$管理図が妥当である。

②オ．p n 管理図

　検査数が一定の不良品数を管理するので，p n 管理図が妥当である。

③エ．u 管理図

　表面の大きさが異なるので，管理特性は，単位当たりの欠点数で u 管理図が妥当である。

④ウ．c 管理図

　大きさが一定の欠点数を管理するので，c 管理図が妥当である。

⑤ア．p 管理図

　完成品はその日の生産数の出来高に左右されるので，検査数は一定になるとは限らない。よって，不良品の発生状況は**不良率 p** で管理することになる。

⑥カ．$x-R_s$管理図

　1バッチ※を1群としているので，群の大きさ n＝1 となり，1個の測定値しか得られない。また，歩留まりは計量値であり，よって，$x-R_s$管理図が妥当である（※バッチ：「まとまり」「かたまり」のこと）。

【問2】

（1）管理図1について

　　①ス．群の大きさ n＝4　　②セ．群の数 k＝20　　③ウ．管理限界線
　　④オ．上昇　　　　　　　　⑤キ．大きく
　　⑥ア．異常が見られない

（2）管理図2について
　　③ウ．管理限界線　　⑦コ．群間　　⑧サ．要因　　⑨ケ．群内

（3）管理図3について
　　⑥ア．異常が見られない　　⑨ケ．群内　　　　　⑩シ．くせ

（4）管理図4について
　　⑥ア．異常が見られない　　⑨ケ．群内　　③ウ．管理限界線
　　⑧サ．要因

【問3】

（1）中心線を示す数値 $\boxed{①}$ は，

$$CL = \overline{p}n = \frac{\Sigma pn}{k} = \frac{900}{20} = 45 \cdots \text{オ}$$

ここで，工程平均不良率 $\overline{p}$ は，

$$\overline{p} = \frac{\Sigma pn}{\Sigma n} = \frac{900}{60000} = 0.015$$

（2）上方管理限界線を示す数値 $\boxed{②}$ は，

$$\begin{aligned}UCL &= \overline{p}n + 3\sqrt{\overline{p}n(1-\overline{p})} \\ &= 45 + 3\sqrt{45(1-0.015)} \fallingdotseq 65 \cdots \text{ケ}\end{aligned}$$

（3）下方管理限界線を示す数値 $\boxed{③}$ は，

$$\begin{aligned}LCL &= \overline{p}n - 3\sqrt{\overline{p}n(1-\overline{p})} \\ &= 45 - 3\sqrt{45(1-0.015)} \fallingdotseq 25 \cdots \text{ア}\end{aligned}$$

【問4】

（1）$\overline{x}$ 管理図の上方管理限界線を示す数値 $\boxed{①}$ は，

$$UCL = \overline{\overline{x}} + A_2 \times \overline{R} = 8.85 + 0.73 \times 2.25 \fallingdotseq 10.49 \cdots \text{オ}$$

（2）$\overline{x}$ 管理図の下方管理限界線を示す数値 $\boxed{②}$ は，

$$LCL = \overline{\overline{x}} - A_2 \times \overline{R} = 8.85 - 0.73 \times 2.25 \fallingdotseq 7.21 \cdots \text{ウ}$$

185

(3) R管理図の上方管理限界線を示す数値 ③ は,
　　$UCL = D_4 \times \overline{R} = 2.28 \times 2.25 = 5.13 \cdots$**ア**

(4) R管理図の下方管理限界線を示す数値 ④ は, n = 4なので,
　　R管理図のLCLは考えない。よって, **キ**

【問5】

(1) 中心線$(CL) = \overline{c} = \dfrac{\Sigma c}{k} = \dfrac{90}{20} = 4.5 \cdots$**オ**

(2) 上方管理限界線$(UCL) = \overline{c} + 3\sqrt{\overline{c}} = 4.5 + 3\sqrt{4.5} \fallingdotseq 10.86 \cdots$**ク**

(3) 下方管理限界線$(LCL) = \overline{c} - 3\sqrt{\overline{c}} = 4.5 - 3\sqrt{4.5} \fallingdotseq -1.86$
　　　　　　　　　したがって, 下方管理限界線を示す数値は, 考えない$\cdots$**コ**

【問6】

(1) x管理図の中心線を示す数値は, $\overline{x} = \dfrac{500}{20} = 25.0 \cdots$**エ**

(2) x管理図の上方管理限界線を示す数値は,
　　$UCL = \overline{x} + 2.66\overline{R_s} = 25 + 2.66 \times 2.11 \fallingdotseq 30.61 \cdots$**オ**

(3) x管理図の下方管理限界線を示す数値は,
　　$LCL = \overline{x} - 2.66\overline{R_s} = 25 - 2.66 \times 2.11 \fallingdotseq 19.39 \cdots$**ウ**

(4) R_s管理図の中心線を示す数値は, $\overline{R_s} = \dfrac{40}{19} \fallingdotseq 2.11 \cdots$**ア**

(5) R_s管理図の上方管理限界線を示す数値は,
　　$UCL = 3.27\overline{R_s} = 3.27 \times 2.11 \fallingdotseq 6.90 \cdots$**イ**

(6) R_s管理図の下方管理限界線を示す数値は, 考えない$\cdots$**カ**

8章
信頼性工学

8章では、信頼性工学について学びます。この科目からは、これまで毎回出題されていない状況です。よって、受験対策としては、細部な知識の習得にはこだわらないような勉強方法がよいかと思います。

第20回（2015年9月6日）から適用の品質管理検定レベル表（Ver.20150130.1）では、2級テストの出題範囲の中で、**「信頼性データのまとめ方と解析」（定義と基本的な考え方）** が新たに追加されました。

1 バスタブ曲線の見方

縦軸に故障率、横軸に時間をとり、この関係を図示したものを**バスタブ曲線**と呼びます。曲線の形状が洋式の浴槽に似ているためにこのような名前がついたといわれています。時間の経過により、**初期故障期**、**偶発故障期**、**摩耗故障期**の3つに分けられます。

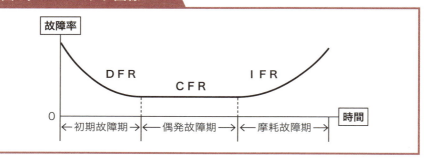

図8.1 バスタブ曲線

(1) 期間Ⅰ：初期故障期

時間の経過とともに故障率が減少していく期間であり、**故障率減少型(DFR)** とも呼ばれています。

この期間には、設計ミス、製造工程の潜在的欠陥などが表れます。したがって、なるべく早く欠陥を見つけて除去する必要があります。

(2) 期間Ⅱ：偶発故障期

初期故障期の次には、一般的にかなりの長時間にわたって故障率が一定の期間が続きます。**故障率一定型(CFR)** とも呼ばれています。また、この期間の長さを**耐用寿命**といいます。

(3) 期間Ⅲ：摩耗故障期

偶発故障期の後には、故障率が時間とともに増加する期間が続きます。そのため、**故障率増加型(IFR)** とも呼ばれています。摩耗や劣化によって寿命が尽きてくる時期です。

期間Ⅰ： 初期故障期	時間の経過とともに故障率が減少していくもの ……ＤＦＲ(Decreasing Failure Rate：故障率減少型)
期間Ⅱ： 偶発故障期	故障率が時間の経過に関連のないもの ……ＣＦＲ(Constant Failure Rate：故障率一定型)
期間Ⅲ： 摩耗故障期	故障率が時間の経過とともに増加していくもの ……ＩＦＲ(Increasing Failure Rate：故障率増加型)

2 耐久性

耐久性とは、長持ちすることです。その要求使用時間は、十分に機能を発揮する可能性をいいます。

(1) 平均故障寿命(ＭＴＴＦ)

横軸は故障するまでの時間 t 、縦軸は寿命分布の密度関数 f (t) を表しています。部分の面積Ｒ(Ｔ)は、時間Ｔで機能を果たしている割合を表し、**信頼度**と呼ばれています。

一般的に、**非修理アイテム**(再生不可能なアイテム、使い捨て品)が故障するまでの平均値である**平均故障寿命(ＭＴＴＦ)** が耐久性の指標として用いられています。ＭＴＴＦとは、Mean Time To Failureの略称です。

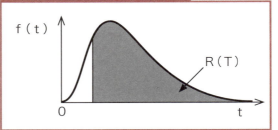

図8.2 平均故障寿命

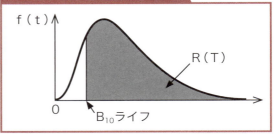

図8.3 B_{10}ライフ

また、信頼度が90％になったとき、つまり、故障したものが全体の10％に達した時点を **B_{10}ライフ(ビーテンライフ)** と呼んでいます。

MTTFは、次の計算式で求めることができます。

$$MTTF(時間／件) = \frac{総稼働時間}{総故障件数}$$

[例] ある装置に使用している電球は、それぞれ125、140、165、190時間で故障し、取り替えたとする。その場合のMTTFは、

$$MTTF = \frac{125+140+165+190}{4} = 155(時間／件)　となる。$$

（2）平均故障間隔（MTBF）

MTTFは非修理系で使う指標ですが、一方、**修理系**（修理しながら使うシステムや機械）では、互いに隣り合う故障期間の動作時間の平均値である**平均故障間隔（MTBF）**が耐久性の指標として用いられています。MTBFとは、Mean Time Between Failuresの略称です。

MTBFは、次の計算式で求めることができます。

$$MTBF(時間／件) = \frac{総稼働時間}{総故障件数}$$

[例] あるシステムの使用経過は下図のようになっている。このときのMTBFを求めると、

$$MTBF = \frac{110+120+130}{3} = 120(時間／件)　となる。$$

また、**故障率λ**（ラムダ：件／時間）はMTBFの逆数で表すことができ、その計算式は次のようになります。

$$故障率λ(件／時間) = \frac{1}{MTBF}$$

[例] あるシステムのMTBFが120のときの故障率は、

$$λ = \frac{1}{120} = 0.0083(件／時間)　となる。$$

3 | 信頼度(R：Reliability)の求め方

ある単位時間にシステムや機械が動いている確率のことを**信頼度**といいます。また、複数システムの**信頼度**は、直列、並列と分けて計算されます。

(1) 直列システムの信頼度計算

サブシステム(システムを構成する小単位のシステム)が直列に接続されることによって構成されているシステムです。したがって、システムが正常に動作するためには、**各サブシステム**がすべて正常に動作している必要があります。

たとえば、信頼度が$R_1(t)$、$R_2(t)$、……、$R_n(t)$とn個を直列に接続した場合のシステム信頼度Rは、次の式で計算できます。

信頼度 $R = R_1(t) × R_2(t) × …… × R_n(t)$

[例] 右図の直列システムの信頼度Rは、
　　　R＝0.9×0.9＝**0.81**　となる。

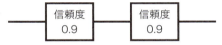

(2) 並列システムの信頼度計算

サブシステムが並列に接続されることによって構成されているシステムです。したがって、システムが正常に動作するためには、**各サブシステムのいずれかが正常に**動作していればよいことになります。このようなシステムを**冗長システム**と呼びます。

たとえば、信頼度が$R_1(t)$、$R_2(t)$、……、$R_n(t)$とn個を並列に接続した場合のシステム信頼度Rは、次の式で計算できます。

信頼度 $R = 1 - \{1 - R_1(t)\} × \{1 - R_2(t)\} × …… × \{1 - R_n(t)\}$

[例] 右図の並列システムの信頼度Rは、
　　　R＝1－(1－0.9)×(1－0.9)＝**0.99**
　　　となる。

4 保全性

保全性とは、**JIS Z 8115**では、「**アイテムの保全が与えられた条件において，規定の期間に終了できる性質**」と定められています。

アイテムが故障または劣化したときに、それを見つけて修復し、正常に維持できる能力を表します。

故障が発生してから行う保全を**事後保全**（CM：Corrective Maintenance）、故障を未然に防ぐために行う保全を**予防保全**（PM：Preventive Maintenance）といいます。

(1)保全性の性質

❶修理しやすく、修理時間が短い性質……**平均修復時間**（MTTR）が短い
❷故障を事前に抑える性質………………PM

ここで、**平均修復時間**（MTTR：Mean Time To Repair）とは、修理にかかった時間を平均したものであり、**修理系**で使う指標です。

$$MTTR(時間／件) = \frac{総修理時間}{総修理件数}$$

[例]あるシステムの使用経過は下図のようになっている。このときのMTTRを求めると、

$$MTTR = \frac{3+2+4}{3} = 3(時間／件)\quad となる。$$

(2)アベイラビリティ(Availability)

アベイラビリティはシステムが使える状態にある割合のことをいいます。耐久性と保全性とを総合した尺度で「**システムがどれくらい有効に稼動するか**」を示す尺度として使います。**稼働率**ともいいます。

アベイラビリティ(A)は、 $A = \dfrac{動作可能時間}{動作可能時間＋動作不能時間}$

または、 $A = \dfrac{MTBF}{MTBF + MTTR}$ と表すことができます。

[例]あるシステムはＭＴＢＦ＝500時間、ＭＴＴＲ＝40時間といわれている。
このシステムのアベイラビリティを求めると、

$A = \dfrac{500}{500+40} \times 100 \fallingdotseq$ **92.6**％ となる。

5 設計信頼性

信頼性を設計を行う時点から考慮に入れることをいいます。代表的な手法として次の２つがあります。

（１）フェール・セーフ（Fail Safe）

フェール・セーフ（フェイル・セーフ）とは、機械に故障が発生した場合にも、常に安全側にその機能が作用する設計思想のことをいい、一部のサブシステムにトラブルが発生しても**システム全体としては致命的な欠陥が起こらない**ような設計上のしくみをいいます。

（２）フール・プルーフ（Fool Proof）

フール・プルーフとは、**間違った操作方法でも事故が起こらないようにする**安全設計のことで、「ポカヨケ」とも呼ばれ、誤動作を防止するからくりをいいます。

6 ＦＭＥＡとＦＴＡ

（１）ＦＭＥＡ

ＦＭＥＡとは、**故障モード影響解析**：Failure Mode and Effects Analysisの略称です。アメリカのグラマン社が新しいジェット戦闘機の開発において、油圧機器を用いた操縦システムの信頼性を評価する方法としてこの解析方法を採

用したといわれています。

大きな問題を発生させる要因がどこに潜んでいるかを摘出する手法で、故障率の高い故障モードを設計変更により未然に除去することができます。一般的に、**ボトムアップ手法**と呼ばれています。

（2）ＦＴＡ

ＦＴＡとは、**故障の木解析**：Fault Tree Analysisの略称です。初めに望ましくない事象を定義し、その事象を発生させる要因を摘出する手法です。これは**トップダウン解析手法**とも呼ばれています。

ＦＴＡはシステムの故障を発生させる事象との因果関係を論理記号を利用して、木の枝のようなＦＴ図(Fault Tree Diagram)を作り、さらに各事象ごとの故障率を割り当てていくことで、システムに悪影響を及ぼしている事象を抽出していく方法です。

図8.4　ＦＴ図作成に必要な主な記号と名称

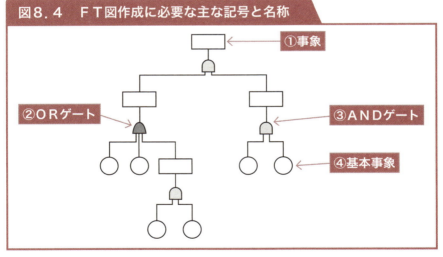

- ❶事　　象　　：基本事象などの組み合わせによって起こる個々の事実
- ❷ＯＲゲート　：入力事象のうち、いずれかひとつが存在するときに出力事象が発生する。論理和
- ❸ＡＮＤゲート：すべての入力事象が共存するときのみ出力事象が発生する。論理積
- ❹基本事象　　：これ以上は展開されない基本的な事象

（3）信頼性ブロック図とＦＴ図の関係

直列系信頼性ブロック、並列系信頼性ブロックとＦＴ図にはそれぞれ、次のような関係があります。

❶直列系信頼性ブロック図とＦＴ図の関係

図8.5　直列系信頼性ブロック図

ＡとＢには直列の関係がある

図8.5の直列系の信頼性ブロック図をＦＴ図に表すと、次のようになります。

図8.6　直列系信頼性ブロックのＦＴ図

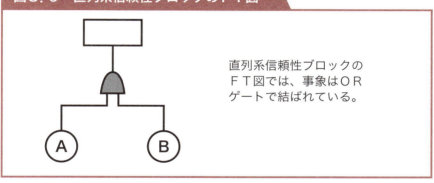

直列系信頼性ブロックのＦＴ図では、事象はＯＲゲートで結ばれている。

この場合、たとえば、
ブロックＡの故障確率を**0.01**(信頼度：0.99)
ブロックＢの故障確率を**0.02**(信頼度：0.98)
(ただし、故障確率＝１－信頼度)とすると、
信頼性ブロック図では、
　直列系システムの信頼度＝0.99×0.98＝0.9702
ＦＴ図では、
　直列系システムの故障確率＝１－（１－**0.01**）×（１－**0.02**）＝0.0298
となります。
　信頼性ブロック図で計算した直列系システムの信頼度
　　＋ＦＴ図で計算した直列系システムの故障確率
　　　＝0.9702＋0.0298＝1.0000

②並列系信頼性ブロック図とＦＴ図の関係
図8.7の並列系の信頼性ブロック図をＦＴ図に表すと、次のようになります。

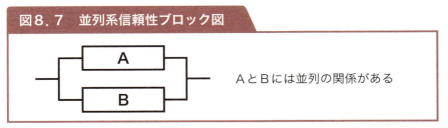

この場合、たとえば、

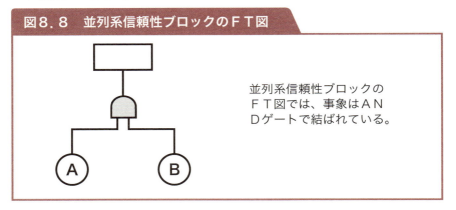

ブロックＡの故障確率を**0.01**（信頼度：**0.99**）
ブロックＢの故障確率を**0.02**（信頼度：**0.98**）
（ただし、故障確率＝１－信頼度）とすると、
信頼性ブロック図では、
　並列系システムの信頼度＝１－（１－**0.99**）（１－**0.98**）＝0.9998
ＦＴ図では、
　並列系システムの故障確率＝**0.01**×**0.02**＝0.0002
となります。
　信頼性ブロック図で計算した並列系システムの信頼度
　　＋ＦＴ図で計算した並列系システムの故障確率
　　　＝0.9998＋0.0002＝1.0000

7 | 信頼性データのまとめ方と解析

8章

信頼性工学

（1）信頼性データのまとめ方

　寿命を対象にすることが多い信頼性では、すべてのデータを終了するまで観測を続けることは難しく、以下の制約を受けます。このような信頼性データの特徴を**数と時間の壁**と呼んでいます。その特徴は次のとおりです。

①**データが寿命データなので、１つのデータを得るのに費用がかかる。そのためにサンプルサイズは通常極めて小さい。**

②**データを１つ測定するのに時間がかかることが多い。**

　寿命データは、使用開始から故障に至るまでの時間が観測された「打ち切りのない故障データ」と、使用開始から故障まで至らず「中途で打ち切られたデータ（打ち切りデータ）」とに大別されます。打ち切りのない故障データのみからなるデータを**完全データ**、打ち切りデータを含むデータを**不完全データ**といいます。さらに、打ち切りデータの形式は、主に以下のように分類されます。

タイプⅠ　　定時打ち切りデータ

　事前に決められた時間に達したときに観測を打ち切る

タイプⅡ　　定数打ち切りデータ

　サンプル数が事前に決められた数に達したときに観測を打ち切る

（2）信頼性データの解析

　次に「**定数**打ち切りデータ」のときのデータ解析（故障率、ＭＴＢＦ）の行い方を、例題を使って説明しましょう。

[例]あるシステムの寿命は指数分布に従う。このシステムの信頼度を得るために10アイテムについて寿命試験を実施。７個が故障した時点で試験を打ち切り、次のデータを得た。このデータからＭＴＢＦ並びに故障率の点推定値を求めよ。

{10、20、30、40、60、80、120　　残り３個は120時間で打ち切り}

総稼働時間（Ｔ）＝（故障した分）＋（故障しなかった分）

$$= (10+20+30+40+60+80+120)+(120 \times 3) = 720$$

190ページより、$\widehat{MTBF} = \dfrac{総稼働時間}{総故障件数} = \dfrac{720}{7} ≒ 103（時間／件）$

故障率の点推定値は、$\hat{\lambda} = \dfrac{1}{MTBF} = \dfrac{1}{103} ≒ 0.0097（件／時間）$

197

チェック問題

[問1] 次の文章において空欄①〜⑦に入る最も適切な語句をそれぞれ下の選択肢からひとつ選べ。ただし，各選択肢を複数回用いることはない。

故障率曲線とは，機械や装置の時間経過に伴う故障率の変化を表示した曲線のことをいう。その形から ① と呼ばれ，時間の経過により ② 期，③ 期，④ 期の3つに分けられる。

また、時間経過に伴う故障率の変化から，次の3つの型に分類される。

⑤ ：時間の経過とともに故障率が減少していくもの
⑥ ：故障が時間の経過に関連のないもの
⑦ ：故障が時間の経過とともに増加していくもの

【選択肢】
ア．バスタブ曲線　イ．ＯＣ曲線　ウ．初期故障　エ．偶発故障
オ．摩耗故障　カ．高原型　キ．絶壁型　ク．二山型
ケ．ＤＦＲ　コ．ＣＦＲ　サ．ＩＦＲ

正解　①ア　②ウ　③エ　④オ　⑤ケ　⑥コ　⑦サ

[問2] 次の文章において空欄①〜③に入る最も適切なものをそれぞれ下の選択肢からひとつ選べ。ただし，各選択肢を複数回用いることはない。

システムを構成するＡ，Ｂ，Ｃ，3つそれぞれの信頼度は下図の通りである。

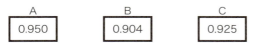

ここで，システムとしての信頼性ブロック図は，案１，案２が考えられ，信頼度が高い信頼性ブロック図を採用するとしたとき，

案１の信頼度を計算すると ① となる。
案２の信頼度を計算すると ② となる。
よって，信頼度の高い案 ③ を採用する。

〈図８.９　案１の信頼性ブロック図〉

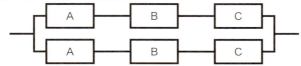

〈図8.10 案2の信頼性ブロック図〉

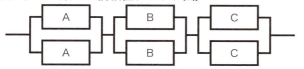

【選択肢】
ア. 0.983　**イ**. 0.958　**ウ**. 0.950　**エ**. 0.925　**オ**. 0.904
カ. 1　　　**キ**. 2
正解　①イ　②ア　③キ

[問3] 次の文章において空欄①に入る最も適切なものを下の選択肢からひとつ選べ。

下表は故障件数と1件あたりの修復時間を示したものである。MTTRを求めると ① となる。

〈表8.1　故障件数と1件あたりの修復時間〉

1件当たりの修復時間（時間）	件　数
5	2
10	3

【選択肢】
ア. 6　**イ**. 7　**ウ**. 8　**エ**. 9　**オ**. 10
正解　①ウ

[問4] 次の文章において空欄①に入る最も適切なものを下の選択肢からひとつ選べ。

あるシステムはMTBF＝9時間，MTTR＝1時間といわれている。このシステムのアベイラビリティを求めると ① ％となる。

【選択肢】
ア. 80　**イ**. 85　**ウ**. 90　**エ**. 95　**オ**. 99
正解　①ウ

解　説

【問1】

①～④については問題の通り。①～⑦は「まとめ」となっているので覚えておこう。

⑤：**ケ**のDFR（Decreasing Failure Rate）で，**故障率減少型**と呼ばれている。

⑥：**コ**のCFR（Constant Failure Rate）で，**故障率一定型**と呼ばれている。

⑦：**サ**のIFR（Increasing Failure Rate）で，**故障率増加型**と呼ばれている。

【問2】

案1の信頼度を計算すると，

信頼度＝

$1-(1-0.950\times0.904\times0.925)(1-0.950\times0.904\times0.925)$
$\fallingdotseq$**0.958…イ**

案2の信頼度を計算すると，

信頼度＝

$\{1-(1-0.950)(1-0.950)\}\times\{1-(1-0.904)(1-0.904)\}$
$\times\{1-(1-0.925)(1-0.925)\}\fallingdotseq$**0.983…ア**

よって，案2…**キ**を採用する。

【問3】

$$MTTR=\frac{5\times2+10\times3}{3+2}=8 \quad よって，正解は\textbf{ウ}。$$

【問4】

$$アベイラビリティ=\frac{MTBF}{MTBF+MTTR}=\frac{9}{10}=\textbf{0.9}$$

よって，正解は**ウ**。

9章
ＱＣ７つ道具

　９章では、ＱＣ７つ道具の中の「パレート」と「ヒストグラム」の説明と、新ＱＣ７つ道具について解説をします。

　なお、ＱＣ７つ道具の中の頻出項目である「散布図」については、「４章　相関分析・回帰分析」で、また、「管理図」については、「７章　管理図」で、それぞれ解説しています。

1 パレート図

(1) パレート図とは

クレームや不適合件数などの発生件数、損失金額などを大きい順に並べた**棒グラフ**と、その累積百分率を**折れ線グラフ**で表した複合グラフをパレート図といいます。組み合わせて示すことにより、「どの項目が大きな影響を与えたか」が見てわかるようになっています。

(2) 見方と使い方

横軸の項目は、現象面だけでなく原因別で分類すると、解決の糸口がつかめて、対策が立てやすくなります。

各項目がどれくらいの割合を占めているかがわかるので、**改善を行うべき項目順序**、**問題の影響度**がひと目でわかります。

改善前と**改善後**のパレート図は、縦軸の目盛を同じにすることによって、効果の大きさを明確に示すことができます。縦軸を金額で表してみることも重要です。

「その他」の項目がある場合は、その大きさに関係なく、**横軸の右端**に描きます。また、その他の項目が1番目、2番目の上位にくるならば、その他の項目を層別（共通点で分類）する必要があります。

右図はパレート図の一例です（データ表は203ページ）。

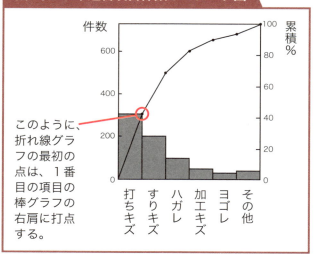

図9.1　不適合項目件数のパレート図

このように、折れ線グラフの最初の点は、1番目の項目の棒グラフの右肩に打点する。

表9.1 不適合項目件数のデータ表

不適合項目	不適合品数	不適合品累積数	不適合品(%)	不適合品累積(%)
打ちキズ	310	310	40.8	40.8
すりキズ	200	510	26.3	67.1
ハガレ	100	610	13.2	80.3
加工キズ	70	680	9.2	89.5
ヨゴレ	30	710	3.9	93.4
その他	50	760	6.6	100
合計	760	―	100	―

2 ｜ ヒストグラム

（1）ヒストグラムとは

　縦軸に**データ数**(度数)を、横軸に**データの数値**(特性値：計量値)をとり、**柱状図**にしたものをヒストグラムといいます。

（2）ヒストグラムで使う用語

　ヒストグラムで使う用語は、次の❶～❻の通りです。

❶区　　間：級、クラスともいう。区間の数は一般的に約10ぐらいが妥当だといわれている

❷区間の境界値：区間と区間の境界の値

❸区間の幅：ひとつの区間の幅をhで表す

$$h = \frac{データの最大値 - データの最小値}{区間の数}$$

なお、区間の幅hは、最小測定単位の整数倍に丸める

❹区間の中心値：区間を代表する中心の値

$$区間の中心値 = \frac{区間の下側境界値 + 区間の上側境界値}{2}$$

❺第1区間　　：データの最小値が存在する区間
❻最終区間　　：データの最大値が存在する区間

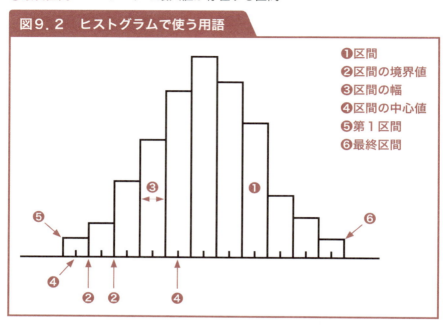

図9.2　ヒストグラムで使う用語

❶区間
❷区間の境界値
❸区間の幅
❹区間の中心値
❺第1区間
❻最終区間

（3）ヒストグラムの作成法

ヒストグラムは、次のような手順で作成します。

手順1　**データ**(計量値)の収集を行います。

表9.2　例：ある製品の寸法(mm)　n＝100

45.5	47.1	47.8	48.2	46.6	46.9	46.1	47.7	47.3	47.2
45.6	47.1	47.8	48.2	46.6	47.0	46.2	47.7	47.4	47.2
46.0	47.1	47.8	48.3	46.7	47.0	46.3	47.7	47.4	47.2
46.0	47.1	47.8	48.3	46.7	47.0	46.4	47.7	47.4	47.3
46.0	47.2	47.9	48.3	46.8	47.0	46.5	47.8	47.4	47.3
46.1	48.0	48.9	48.4	46.8	47.5	46.5	48.0	47.5	47.3
47.6	48.0	48.9	48.4	46.9	47.5	46.5	48.1	47.5	47.9
47.6	48.1	49.0	48.4	48.5	47.5	49.6	48.2	49.3	47.9
47.6	48.1	48.5	48.5	48.7	47.6	49.7	49.4	48.7	47.9
47.7	50.3	49.1	48.5	48.6	47.6	49.8	49.5	48.6	47.9

手順2　データの中の**最大値**と**最小値**を求めます。

[例]**表9.2**では、最大値は**50.3**、最小値は**45.5**である。

手順3　**区間の数**を求めます。
区間の数 ≒ $\sqrt{n}$（n：データ数）とし、求めた数値を整数に丸めます。
前ページの**図9.2**では、❶を指します。

[例]**表9.2**はデータ数が100個なので、区間の数 = $\sqrt{100}$ = **10**　となる。

手順4　**区間の幅**（h）を求めます。

$$区間の幅（h） = \frac{データの最大値 - データの最小値}{区間の数}$$

ここで求めた値を測定のきざみ（最小測定単位）の整数倍に丸めます。

[例]最大値＝50.3、最小値＝45.5、区間の数＝10、最小測定単位＝0.1の場合、

$$区間の幅（h） = \frac{50.3 - 45.5}{10} = 0.48　→整数倍に丸めて、\ 0.5　となる。$$

図9.2では❸を指す。

手順5　**区間の境界値**を求めます。
区間の境界値は、測定のきざみ（最小測定単位）の $\frac{1}{2}$ のところにくるように決めます。

$$第1区間の下側境界値 = 最小値 - \frac{測定のきざみ}{2}$$

第1区間とは、データの最小値が存在する、左端の区間をいいます。
図9.2では❺を指します。

[例]最小値＝45.5、最小測定単位＝0.1の場合は、

$$第1区間の下側境界値 = 45.5 - \frac{0.1}{2} = 45.45となり、さらに、$$

$$第1区間の上側境界値 = 第1区間の下限境界値 + 区間の幅$$
$$= 45.45 + 0.5 = 45.95　となる。$$

よって、第1区間は45.45〜45.95　となる。**図9.2**では**❷**を指す。

手順6　**区間の中心値**を求めます。

$$区間の中心値＝\frac{区間の下側境界値＋区間の上側境界値}{2}$$

[例]第1区間の下側境界値＝45.45
　　第1区間の上側境界値＝45.95　から、

$$第1区間の中心値＝\frac{45.45＋45.95}{2}＝45.70　となる。$$

図9.2では**❹**を指す。

手順7　**最終区間**まで、区間の境界値と中心値を求めていきます。
　　最終区間は、**図9.2**では**❻**を指します。

手順8　データの度数をカウントし、下記のような度数表を作成します。

表9.3　度数表

No.	区　　間	中心値	度数チェック	度数
	45.45〜45.95	45.70	//	2
	45.95〜46.45	46.20	/// ///	8
	46.45〜46.95	46.70	/// /// /	11
	46.95〜47.45	47.20	/// /// /// ///	20
	47.45〜47.95	47.70	/// /// /// /// ///	25
	47.95〜48.45	48.20	/// /// ///	15
	48.45〜48.95	48.70	/// ///	10
	48.95〜49.45	49.20	////	4
	49.45〜49.95	49.70	////	4
	49.95〜50.45	50.20	/	1
計				100

手順9　ヒストグラムを作成し、**平均値**や規格値がある場合は、**上限規格**（S_U）、**下限規格**（S_L）を記入します。

図9.3　ヒストグラム

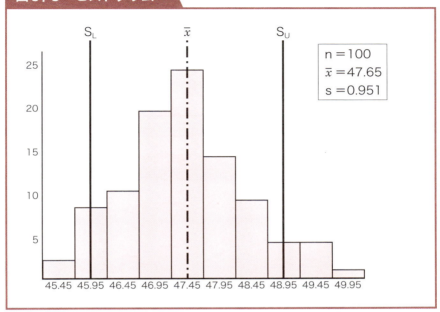

（4）ヒストグラムの見方

❶**一般型**：工程が**管理された状態**のときにできる分布です。

図9.4　一般型ヒストグラム

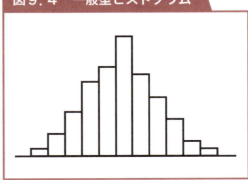

❷**離れ小島型**：原材料などの一部に**違った種類なものが混入しているとき**などにできる分布です。

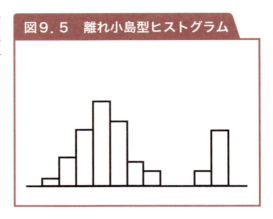

図9.5　離れ小島型ヒストグラム

❸**絶壁型**：規格値をとび出したものがあるために、**その部分を選別して取り除いたとき**などにできる分布です。

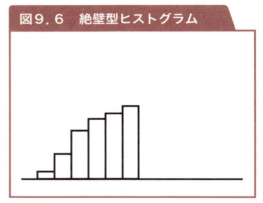

図9.6　絶壁型ヒストグラム

❹**歯抜け型**：**測定のまずさ**や、ヒストグラムを作るときの**区間分けの方法がよくないとき**などにできる分布です。

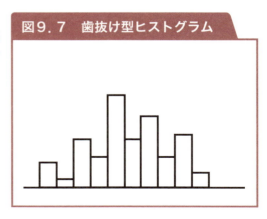

図9.7　歯抜け型ヒストグラム

3 親和図法

　ここからは、新QC7つ道具の解説です。QC7つ道具が**数値**データを分析する技法であるのに対して、新QC7つ道具では、**言語**データを扱います。

　親和図法は、未来、将来の問題、未知、未経験の分野の問題など、はっきりしていない問題について事実や意見、発想を言語データとしてとらえ、それらの相互の**親和性**(よく親しみ合う性質)によって統合した図を作ることにより、解決すべき問題の所在、その姿を明らかにしていく方法です。

　文化人類学者の川喜田二郎氏が方法論として考案したことが始まりで、「**KJ法**」とも呼ばれています。

　データカードをカード寄せして、親和カード(要約1、要約2)を作成します。この親和カードをもとにして、さらにその上の親和カード(要約3)を作成します。このように順次、言語データの抽象度を高めていくと、問題の課題を部分的でなく、全体レベルを包括的に明確にすることができます。

図9.8　親和図の概念図

親和図の作り方
❶テーマを決める(できるだけ具体的に、文章で示す)
❷ＢＳ(ブレーンストーミング)法などによって言語データを集める
❸言語データを1カード1情報として、具体的に文章化する
❹2、3枚ずつを目安に、カード合わせをする。ここでは、単に分類するのではなく、あくまでも文章の意味の近さ(親和性)で合わせること
❺合わせたカードの意味をくみ取り、1文章に要約し、見出しを作る
❻カード合わせと見出し作りを繰り返す
❼図解化する

4 連関図法

　原因−結果、目的−手段などが絡み合った問題に対し、**因果関係や要因相互の関係を明らかにすることで問題を解決していく**手法です。

　特性に対して同じ要因が何回も出てくるような、要因が複雑に絡み合っている場合に使用すると効果的です。

　矢線の多く出ている要因は他の要因との関連が強く、根本的な要因であることが多いので、問題の全容が把握できます。

　図9.9は「原因−結果」系を示した連関図の概念図です。真ん中の2重線の□□□には結果(テーマ)を記入し、その原因を「なぜ」→「なぜ」→「なぜ」と絞り込んでいきます。このように因果関係を明らかにし、論理的につないでいく

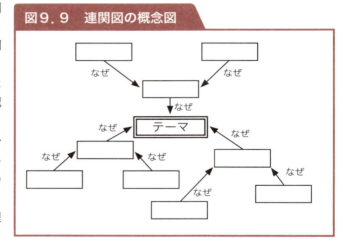

図9.9　連関図の概念図

ことで、解決策を見出すことが可能となります。

連関図の作り方
❶テーマを決める(模造紙など大きな紙の中央に、テーマを書く)
❷テーマの1次原因を考えてカード化(1カードに1つの原因を文章化)し、1次原因を複数作成する
❸1次原因のカードをテーマの周辺に配置し、テーマとカードを矢線でつなぐ
❹出てきた1次原因を「結果」ととらえて、2次原因を❷と同様にカード化していく。そして、2次原因のカードを配置し、関連のある1次原因と矢線でつなぐ

❺３次原因、４次原因と、深く掘り下げていき、繰り返し、考え得る３次原因、４次原因を複数作成する。ここでは、１つの原因カードから複数の結果カードを関連付けていく
❻カード間の因果関係や他にもれなどはないかを確認し、全体を見直す
❼主要な原因を検討する

5 系統図法

目的、目標を達成するための手段、方策を**系統的に（目的ー手段、目的ー手段と）具体的実施段階のレベルに展開していく**ことにより、目的、目標を達成するための**最適手段、方策を追求していく方法**です。

最終的に到達したい目的は、簡潔で具体的な語句にします。

手段は「〇〇をする」、「〇〇を××する」のように語句または短文にし、２つの内容が重ならないようにします。

また、それぞれの手段、方策が「目的→手段、目的→手段…」の関係として正しく把握できるようにし、実施レベルに展開した手段と評価項目（効果・実現性など）を組み合わせる（マトリックスにする）ことによって最適策を評価すると、より効果的です。

図9.10　系統図の概念図

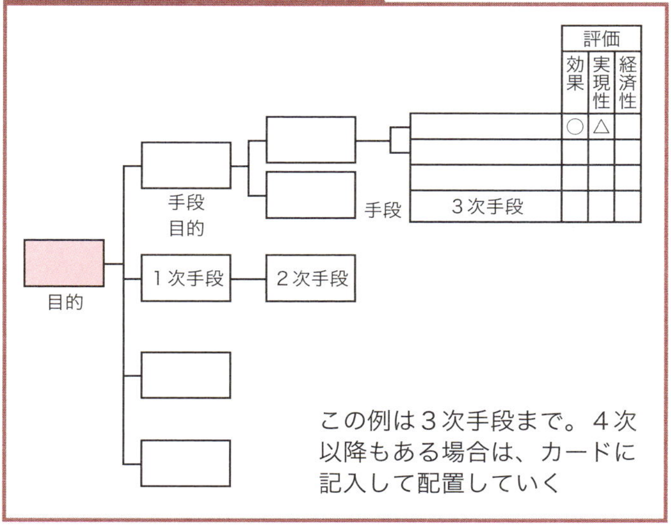
評価
効果
実現性
経済性
○
△
手段
目的
手段
3次手段
目的
1次手段
2次手段
この例は３次手段まで。４次以降もある場合は、カードに記入して配置していく

〈系統図の作り方〉

❶解決したい問題を「〜を〜するためには」という表現にして、これを「目的」または達成したい「目標」にする（模造紙などの大きな紙の左端中央に目的を書く）

❷目的を達成するための「１次手段」を全員で話し合って、２、３枚程度抽出してカードに書き、「１次手段」のカードを、目的の右側に並べる

❸今度は「１次手段」を目的として、これを果たす手段を「〜を〜する」とカードに書く

❹以下、同じようにして、「２次手段」を目的として「３次手段」を、「３次手段」を目的として「４次手段」を…と、メンバー全員でよく話し合いながら抽出してゆき、カードに記入して、模造紙に配置していく

❺「４次手段」まで展開できたら、再度、「目的」から「１次」、「２次」、「３次」、「４次」へと手段を全員で見直す。次に、４次手段から逆に目的を確認して、必要に応じて、新たな手段を発想してカードを整理し追加する

❻完成した系統図の手段に対して、重要性、経済性、実現性、効果などの面から、優先順位などを決める

6 マトリックス図法

　問題としている事象の中から、対になる要素を見つけ出して、これを行と列に配置し、**その二元素の交点に各要素の関連の有無や関連の度合いを表示する**ことによって問題解決を効果的に進めていく方法です。

　行と列に配列された対になる要素（A、B）間の関連性に注目し、整理すると下の図のようになります（関連がある場合に○印を記している）。

図9.11　マトリックス図の概念図

A ＼ B	b_1	b_2	b_3	b_4
a_1	○			○
a_2			○	
a_3		○		
a_4			○	

7 アローダイヤグラム法

　計画を推進するのに必要な作業の順序を矢線と結合線を用いた図で表し、日程管理上の重要な経路を明らかにして**効率的な日程計画を作成する**とともに、**計画の進捗を管理する**手法です。

　計画の段階で、並行作業や前後作業の確認、日程に最も余裕のないルート（クリティカル・パス）の確認、目標納期への適合のための計画の調整などに活用できます。

図9.12　アローダイヤグラム概念図

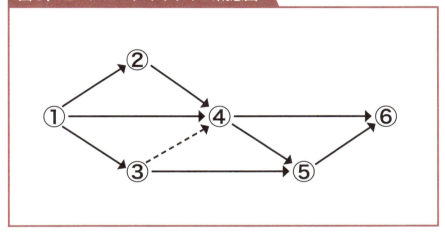

〈アローダイヤグラムで使う用語と見方〉

　アローダイヤグラムで使う用語と見方を示します。
1. **作業（―→）**　：時間を必要とする順序関係のある作業を示す
2. **結合点（○）**　：作業と作業を結びつけるときに用いる。一般的に、○の中には1、2、3……、と順番を記入する
3. **ダミー（┄┄▶）**：作業時間がゼロで、作業の順序関係を示す

　たとえば**図9.12**では、作業②、③、④は作業①が終わらなければ始められず、作業④は作業①、②、③が終わらなければ始められないという約束があることが読み取れる。

8 PDPC法

予測される事態に対してあらかじめ**対応策を検討し，事態を望ましい結果に導く**ための手法です。PDPCはProcess Decision Program Chartの略称です。

予測しながら時間の順に従って矢線でつないだ図です。ある方策が予定通りいかなくとも、必ず別の方策で乗り越えられるようにします。

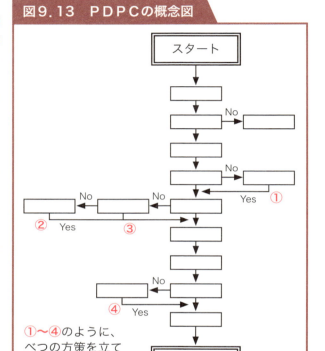

図9.13 PDPCの概念図

①〜④のように、べつの方策を立てて乗り越えられるようにしておく。

9 マトリックス・データ解析法

マトリックス図における要素間の関連を定量化できた場合、これを計算によって整理する方法です。この手法は新QC7つ道具の中でただひとつの数値データ解析法なので、試験対策としては「新QC7つ道具の中では唯一、**数値データを扱っている**」と記憶すればOKです。

赤シートで正解を隠して
問題を解いてください。

チェック問題

9章
QC7つ道具

[問1] 次の文章（1）～（3）の空欄①～⑤に入る最も適切な語句をそれぞれ下の選択肢からひとつ選べ。ただし，各選択肢を複数回用いることはない。

（1）親和図法とは，未来，将来の問題，未知，未経験の分野の問題など，はっきりしていない問題について事実，意見，発想を言語データとしてとらえ，それらの相互の ① 性によって統合した図を作ることにより，解決すべき問題の所在，その姿を明らかにしていく方法である。

（2）系統図法とは， ② ，目標を達成するための ③ ，方策を系統的に（ ② － ③ と）具体的実施段階のレベルに展開していくことにより， ② ，目標を達成するための最適 ③ ，方策を追求していく方法である。

（3）マトリックス図法とは，問題としている事象の中から，対になる要素を見つけ出して，これを ④ と ⑤ に配置し，その二元素の交点に，各要素の関連の有無や関連の度合いを表示することによって問題解決を効果的に進めていく方法である。

【選択肢】
ア．親和　　**イ**．重要　　**ウ**．関連　　**エ**．目的　　**オ**．手段
カ．特性　　**キ**．結果　　**ク**．行　　　**ケ**．列
正解　①**ア**　②**エ**　③**オ**　④**ク**または**ケ**　⑤**ク**または**ケ**

[問2] 次の文章（1）～（4）において，最も適切な対応する手法名称とそれを表した概略図を下の選択肢からひとつ選べ。ただし，各選択肢を複数回用いることはない。

（1）目的と手段の関係を展開し，目的を達成するための最適手段を追求していく方法。
　　手法の名称：①　　　　**概略図：②**

215

(2) 原因と結果が複雑に絡み合っている場合に、その関係を論理的につなぎ整理する手法。
手法の名称：③　　　**概略図：④**

(3) 計画を推進するのに必要な作業の順序を矢線と結合線を用いた手法。
手法の名称：⑤　　　**概略図：⑥**

(4) 将来の問題など、はっきりしていない問題について、言語データとしてとらえ、それらの相互の親和性によって図で示し、問題の所在を明らかにしていく方法。
手法の名称：⑦　　　**概略図：⑧**

【選択肢】
ア．親和図法　　イ．マトリックス図法　　ウ．アローダイヤグラム法
エ．系統図法　　オ．連関図法

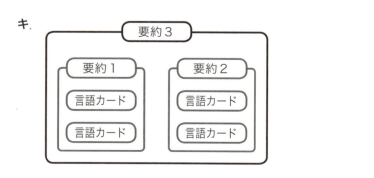

ク.

ケ.

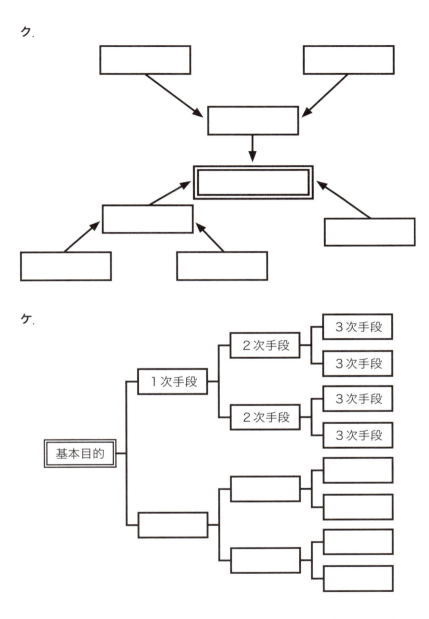

正解　①エ　②ケ　③オ　④ク　⑤ウ　⑥カ　⑦ア　⑧キ

解　説

【問1】

問題の通り。「まとめ」となっているので覚えておこう。

【問2】

（1）**系統図法**とは，目的，目標を達成するための手段，方策を系統的に展
　　開していくことにより，目的，目標を達成するための最適手段，方策
　　を追求していく方法である。

　　よって，正解は　手法の名称：**エ．系統図法**…①　　概略図：**ケ**…②

（2）**連関図法**とは，原因－結果，目的－手段などが絡み合った問題に対し，
　　因果関係や，要因相互の関係を明らかにすることで問題を解決してい
　　く手法である。特性に対して同じ要因が何回も出てくるような，要因
　　が複雑に絡み合っている場合に使用すると効果的。

　　よって，正解は　手法の名称：**オ．連関図法**…③　　概略図：**ク**…④

（3）**アローダイヤグラム法**とは，計画を推進するのに必要な作業の順序を
　　矢線と結合線を用いた図で表し，日程管理上の重要な経路を明らかに
　　して効率的な日程計画を作成するとともに，計画の進捗を管理する手
　　法である。

　　よって，正解は　手法の名称：**ウ．アローダイヤグラム法**…⑤
　　　　　　　　　　　　概略図：**カ**…⑥

（4）**親和図法**とは，未来，将来の問題，未知，未経験の分野の問題など，
　　はっきりしていない問題について事実，意見，発想を言語データとし
　　てとらえ，それらの相互の親和性によって統合した図を作ることによ
　　り，解決すべき問題の所在，形態を明らかにしていく方法である。

　　よって，正解は　手法の名称：**ア．親和図法**…⑦　　概略図：**キ**…⑧

10章
品質管理の実践分野

10章では、試験範囲のひとつである「品質管理の実践分野」について、学びます。この分野は範囲が広いので、「品質管理レベル表」の試験範囲で記載されている項目から過去に試験に出題された問題をふまえ、品質管理を実践していく上での考え方、展開・推進、管理、標準化などの面から主な項目について説明していきます。

1 | 品質管理の基本

（1）品質管理の基本的な考え方

品質管理を実践していく上では、次のような基本的な考え方を理解しておくことが必要です。

1）顧客志向

お客様を最重要視する考え方を「**顧客志向**」や「**マーケットイン**」と呼んでいます。

お客様に満足される製品やサービスを設計し、製造しなければ企業は存立できません。**顧客志向**の「**マーケットイン**」の考え方で、お客様が望んでいる製品やサービス、あるいは期待以上のよい品質を継続的に提供することが、企業の存続に不可欠です。

顧客の満足を得るために、全員が「品質を第一」とした考え方で品質管理を推進する必要があります。

ここで、「**後工程もお客様**」という考え方を、企業の中でも展開することが重要です。次の工程の人を「**後工程**」と呼び、「**後工程**」の人に満足してもらえる仕事をすることが重要になります。自分の担当する仕事の後を引きつぐ、「**後工程**」が自分の「顧客」になるのです。

「**後工程もお客様**」という考え方で全員が仕事をすれば、よい結果に結びつきます。

2）プロセスの管理

製品の品質だけではなく、その製品の品質がつねによいものが生み出せるように、その「プロセス」（仕組み）に着目することが重要です。

商品やサービスの結果が悪いということは、その結果を生み出している「プロセス」に問題がある、ということです。その問題を解消するには「**品質を工程で作りこむ**」という考え方が重要です。「**プロセスを管理する**」ということは、設計、部品や原材料、製造工程などのプロセスや仕事のやり方に着目して管理し、改善させていくことです。

220

3）重点志向

品質管理活動を行う場合、すべての問題に対して改善対策を打つのは、効率的ではありません。限られた経営資源(人、資金など)を集中的に投入し、効率的に効果を挙げていくためには、優先順位を明確にして、効果の大きいものを特定する必要があります。このことを「**重点志向**」と呼んでいます。

4）事実に基づく管理

品質管理は、「**事実**」を重視します。データで**事実**を把握することが、次への判断→行動するためには不可欠な要件です。

目的に応じて、**事実**を客観的に把握するようにデータをとることが、間違った判断をしないためにも重要です。

5）管理のサイクル

管理のサイクルは、「**PDCAのサイクル**」とも呼んでいます。品質管理の「管理」とは、下記の「**PDCA**」を回すことです。

- **計画**(P：Plan)＝目的を決め計画を作成する
- **実施**(D：Do)＝計画通り実施する
- **確認・評価**(C：Check)＝実施した結果を確認し、評価する
- **修正・処置・対策**(A：Action)＝必要に応じて適切な処置をとる

この管理のサイクルをスパイラルさせて、管理水準を向上させていくことが重要です。

（2）TQM

ＴＱＭは経営管理手法のひとつです。Total Quality Managementの略称で、顧客の満足を通じて**組織の構成員および社会の利益**を目的とする、**品質**を中核とした、**組織の構成員すべての参画**を基礎とする経営の方法といわれています。

品質管理は戦後、アメリカからＳＱＣ(Statistical Quality Control)として導入されました。その後、日本の企業では、製品の品質向上はもちろん、「品質を優先する意識」「**QCサークル活動**」など、日本独自なものへと変化させてきました。

そして、「顧客に満足される品質の製品を作るためには、全社的な取り組みが必要である」という考え方から、活用・推進する「体制やしくみ・ノウハウ」などを取り入れ、そのレベルの向上を企業全体に適用していく、ＴＱＣ(Total

Quality Control)＝総合的な品質管理へと発展しました。これまで品質管理に適用されてきた科学的な考え方、手法、方法論は、製造や品質管理以外の分野においても有効で普遍的なものが多かったため、あらゆる部門にまで、その活動が伝わっていきました。

現在では、その活動の広さから「マネジメント」という普遍的に使える表現に改められ、ＴＱＭとして進展してきています。

（3）品質マネジメントシステム

組織のパフォーマンス改善に向けて導くために、トップマネジメントが用いることのできる、「7つの品質マネジメントの原則」が、**ISO 9000：2015（JIS Q 9000：2015）**で明確にされています。
その7項目（ａ〜ｇ）の要旨を以下に示します。

ａ）顧客重視

組織は、その顧客に依存しているので、現在および将来の顧客ニーズを理解して、顧客要求事項を満たすことはもちろん、さらに顧客の期待を超えるような製品、サービスを提供するように努力をしなければならない、というもの

ｂ）リーダーシップ

リーダーは、組織の目的と方向の調和を図らねばならない。リーダーは、人々が組織の目標を達成することに十分参画できる内部環境を創り出し、維持しなければならない、というもの

ｃ）人々の積極的参加

組織内のすべての階層の人々を尊重し、各人の貢献の重要性を理解してもらうべくコミュニケーションを図り、貢献を認め、力量を向上させて、積極的な参加を促進することが、組織の実現能力強化のために必要である、というもの

ｄ）プロセスアプローチ

活動および関連する経営資源と業務がひとつのプロセスとして管理された場合には、望ましい結果が効果的に達成される、というもの

e）改善

組織の総合的パフォーマンスの継続的改善を組織の永遠の目標とすべきである。つまり、単に問題点を改善していくだけではなく、つねに**「他によい手段はないか」**を探し、改善を**続けていく**ことが重要だ、ということ

f）客観的事実に基づく意思決定

効果的な意思決定は、**客観的な事実**および**情報の分析・評価**に基づくもので、勘・経験を重視するのではなく、**客観的事実（データ）**を重視する、ということ

g）関係性管理

組織は、組織に密接に関連する**利害関係者**（提供者、パートナー、顧客、従業員など）との**関係**をマネジメントすると、持続的成功を達成しやすくなる、ということ

（4）品質マネジメントシステムの要求事項

ISO 9001では、組織が「顧客要求事項および適用される規制要求事項を満たした製品を提供する能力を持つこと」を実証することが必要な場合、ならびに、顧客満足の向上を目ざす場合の、要求事項を規定しています。下に要約したものを示します。

1）品質マネジメントシステム

一般要求事項と文書化に関する要求事項からなっている

2）経営者の責任

経営者のコミットメント、顧客重視、品質方針、計画、責任、権限及びコミュニケーション、マネジメントレビューからなっている

3）資源の運用管理

資源の提供、人的資源、インフラストラクチャー、作業環境からなっている

4）製品実現

製品実現の計画、顧客関連のプロセス、設計・開発、購買、製造およびサー

ビスの提供、監視機器および測定機器の管理からなっている

5）測定、分析および改善
　一般、監視および測定、不適合製品の管理、データの分析、改善からなっている

2 | 管理と改善の進め方

（1）方針管理

　方針管理とは、企業において，経営目的を達成するための手段として「**中長期経営計画**」あるいは「**年度経営方針**」を効果的、効率的に達成するための組織全体で取り組む活動をいいます。進め方は、方針の策定、方針の展開、実施計画の策定、活動状況のチェック、処置、次年度への反省というステップがとられます。**日常管理**、**機能別管理**とともに、ＴＱＭ活動における経営管理システムの柱のひとつです。
　推進にあたっての留意点を示しておきます。

1）中長期経営計画および年度経営方針の策定
● 昨年度の反省および経営環境（外部、内部）の分析に基づく、組織における問題点および重点課題を明確化する
● 目標に関しては、現状打破の観点から、客観的に評価ができる定量的・具体的な目標の設定を行う
● 目標設定では、管理項目、目標値、達成期間を明記する必要がある

2）方針の展開および実施計画の策定
● 上位の重点課題・目標が、下位の重点課題・目標を達成することで、確実に達成するようにする
● 部門間にわたるテーマについては、部門横断チームの連携を強化する
● 経営資源配分を考慮し、予算と方策との整合性をとる

3）実施状況の確認および処置

- 組織は、目標が達成されない、または方策が計画どおり実施されないような現象を早期に発見できる仕組みをあらかじめ作っておくことが望ましい
- 経営トップおよび部門長は、定期的に、方針の実施状況、目標の達成状況などを診断することが望ましい

4）実施状況のレビューおよび次期への反映

- 期末には、その期における方針の実施状況を総合的にレビューし、組織の中長期計画、経営環境を踏まえて，次期の方針に反映させる

〈参考：JIS定義（JIS Q 9023:2003）〉

❶ 目　　標：方針または重点課題の達成に向けた取り組みにおいて、追求し、目ざす到達点
❷ 重点課題：組織として重点的に取り組み達成すべき事項
❸ 方　　策：目標を達成するために、選ばれる手段
❹ 管理項目：目標の達成を管理するために評価尺度として選定した項目

　次ページの図は、方針管理の仕組み例です。

図10.1 方針管理の仕組み例

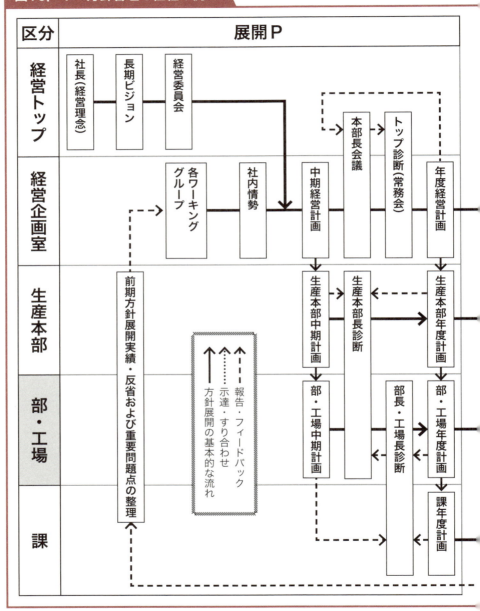

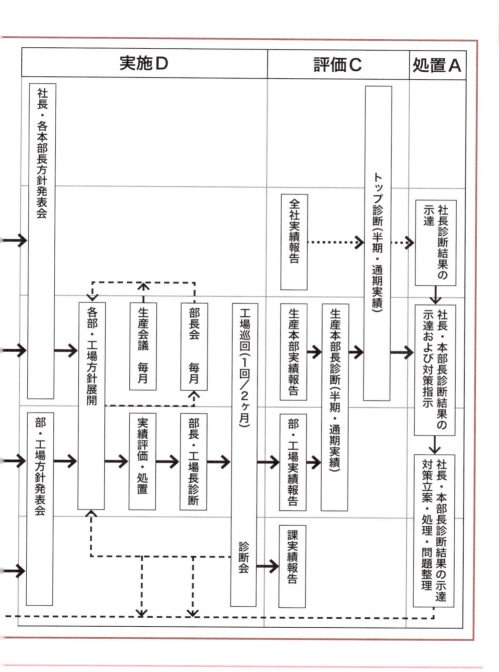

(2)日常管理の進め方

　日常管理とは、**方針管理**でカバーできない、通常の業務について組織的に取り組むための仕組みです。組織のそれぞれの部門において、日常的に実施されなければならない分掌業務について、その業務目的を効率的に達成するために必要なすべての活動をいい、企業経営の**最も根幹をなす活動**です。

　日々行う管理活動の中には、維持活動と改善活動が含まれています。

　ここで、**維持**とは、目標を設定し、目標からずれないように、また、ずれた場合にはすぐに元に戻せるようにする活動です。

　また、**改善**とは、目標を現状より高い水準に設定して、問題または課題を特定し、問題解決又は課題達成を繰り返す活動です。

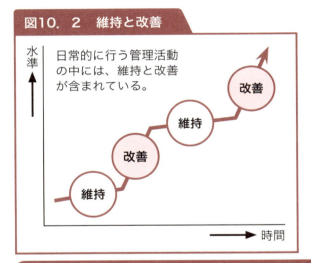

図10.2　維持と改善

(3)小集団活動(QCサークル活動)の進め方

　小集団活動(QCサークル活動)とは、一般従業員が職場の改善活動を行うための自主的な活動です。全社的なTQM(Total Quality Management)の一環として位置づけている企業もありますが、「TQMそのもの」ではないことに注意が必要です。

　QCはアメリカより導入されましたが、**QCサークル**は日本で始まった小集団活動で、同じ職場で働く職組長以下の小さなグループで構成されたものです。『QCサークルの基本（『QCサークル綱領』改訂版）』（QCサークル本部編、

一般財団法人日本科学技術連盟刊)では、次のように定義されています。

> ＱＣサークルとは、第一線の職場で働く人々が継続的に製品・サービス・仕事などの質の管理・改善を行う小グループである。
>
> この小グループは、運営を自主的に行い、ＱＣの考え方・手法などを活用し、創造性を発揮し、自己啓発・相互啓発を図り、活動を進める。
>
> この活動は、ＱＣサークルメンバーの能力向上・自己実現、明るく活力に満ちた生きがいのある職場づくり、お客様満足向上及び社会への貢献を目指す。
>
> 経営者・管理者は、この活動を企業の体質改善・発展に寄与させるために、人材育成・職場活性化の重要な活動と位置づけ、自らＴＱＭなどの全社的活動を実践するとともに、人間性を尊重し全員参加を目指した指導・支援を行う。

また、次の3つを基本理念として掲げています。

❶企業の体質改善・発展に寄与すること
❷人間性を尊重し、生きがいのある明るい職場を作ること
❸人間の能力を発揮し、無限の能力を引き出すこと

3 | 品質の概念

（1）顧客の立場からの品質要素

顧客の立場から分類した品質要素としては、次の5つがあります。

❶魅力的品質　：充足されなくても不満はないが、充足されるとうれしい項目
❷一元的品質　：充足されないと不満、充足されるとうれしい項目
❸当たり前品質：充足されないと不満、充足されてもとくにうれしくない項目
❹無関心品質　：充足されてもされなくても、不満もうれしくもない項目
❺逆評価品質　：充足されると逆に評価を下げる項目

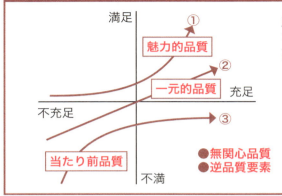

図10.3 顧客の立場から分類した品質要素(狩野モデル)

顧客の立場から品質要素を分類することで、より高い顧客満足を創り出すことができる。

(2) 4つの観点からの品質

品質は、次の4つの観点からみることもできます。

1) 企画品質
　企画品質とは、商品企画段階で決まる品質で、顧客の要求している品質を定義し、製品コンセプトに盛り込む品質のことである

2) 設計品質
　設計品質とは設計図、製品仕様書などに定められたとおりに作られた品質であり、**ねらいの品質**とも呼ばれている。設計品質の良し悪しは、製品仕様が顧客の要求に合致しているかどうかで決められる

3) 製造品質
　製造品質とは、設計品質を実際に製品とし製造する際の品質で、**できばえの品質**、適合品質とも呼ばれる。製造品質の良し悪しは、設計品質として要求された品質特性値に合致している程度で定められる

4) 使用品質
　製品を使用者が使ってみたときまたはサービスを受けたときに、期待する機能を発揮するかどうかで製品・サービスの評価がされる。使用者が要求する品質または品質に対する**使用者の要求度合**のことをいう

4 | 品質保証

（1）品質保証の進展

　1950年頃に品質保証の定義が定められましたが、その後、品質保証活動はますます活発となり、1970年頃から問題となっていた製造者への**ＰＬ（製造物責任）**について、**製造物責任法**が公布されました。

　ＰＬ（Product Liability：製造物責任）とは、ある製品の瑕疵が原因で生じた人的・物理的被害に対し、製造者が**無過失責任**として負うべき賠償責任のことをいいます。また、製造物責任問題発生の予防に向けた活動を**ＰＬＰ（Product Liability Prevention：製造物責任予防）**といい、**ＰＬＰ**には、未然に防止する活動としての**ＰＳ（製品安全）**と製品事故発生による損害を最小限にとどめるための**ＰＬＤ（製造物責任防御）**の２つがあります。

（2）品質保証体系

　品質保証体系とは、ユーザーが満足する品質を達成するために必要なプログラムを**全社的な見地から体系化**したもので、これを図示したものを品質保証体系図（本書では省略）といいます。

　縦軸には製品の開発から販売・アフターサービスまでの**開発ステップ**を、横軸には**社内の各組織および顧客**を配置した図で、図中に行うべき業務がフローチャートで示してあります。さらに、フィードバック経路を入れることが一般的です。

　製品企画および設計・開発のステップでは、設計・開発担当部門が品質表を作成し、新製品に対するユーザーの要求品質と品質特性との関連を明確にすることがポイントとなります。

　設計にインプットすべき要求品質や設計仕様などの要求事項が設計のアウトプットにもれなく織り込まれ、品質目標を達成できるかどうかについて審査することを「**設計審査（ＤＲ：デザインレビュー）**」といいます。

　生産準備段階では、品質特性を工程で作りこむために、**ＱＣ工程表**が用いられます。**ＱＣ工程表**とは、「フローチャート」「工程名」「管理項目」「管理水準」「帳票類」「データの収集」「測定方法」「使用する設備」「異常時の処置方法」など一連の情報をまとめ、工程管理の仕組みを表にしたものです。

フローチャートでは、**JIS Z 8206**（工程図記号）を用います。たとえば、加工は○、貯蔵は▽、数量検査は□、品質検査は◇の記号で表されます。

　下の**表10. 1**は、ＱＣ工程表の一例です。

表10. 1　ＱＣ工程表の例

記号	工程	設備等	管理項目	管理方法	頻度等	管理者
▽	材料受入	－	外観	目視	各サイズ毎	作業者
			線径	マイクロメータ		作業者
↓			材質等	ミルシート等		管理責任者
□	材料保管	材料倉庫	－	－	受サイズ毎	作業者
↓	加工	油圧プレス	外観	目視	各ロット毎に、初品、中間、最終抜き取り検査	作業者
			高さ	マイクロメータ		
			外径	マイクロメータ		
○			内径	マイクロメータ		
◇			長さ	ノギス		
↓			穴偏心	目視		
			頭部偏心	目視		

（3）品質機能展開

　品質機能展開（ＱＦＤ）とは、Quality Function Deploymentの略称です。設計段階で、顧客の要求事項を考慮し、品質特性を決定する際に、要求品質を各々の機能部品や個々の構成部品の品質や工程の要素に**二元表**を用いて展開することをいいます。**二元表**とは、**JIS Q 9025**では「二つの展開表を組み合わせてそれぞれの展開表に含まれる項目の対応関係を表示した表」とあります。

5 ｜ 課題達成型QCストーリーの進め方

　何か問題がある場合にそれを解決するのが**問題解決型**の改善手順であるのに対して、**課題達成型**は、現状をよりよくするための達成すべき目標が与えられた場合に、これを達成することを目的する改善活動で使われる手順です。

　ポイントは、「ありたい姿」を明確にして、現状との差（ギャップ）を明確にす

ることです。そのギャップに対して、重点的に取り組んでいくべき攻め所を決定します。

　ステップ6以降の進め方は問題解決型QCストーリーと同じようなステップで展開していきます。以下がその進め方です。

ステップ1　テーマの選定
　　　　　　課題の洗い出し
ステップ2　攻め所（課題の明確化）と目標の設定
ステップ3　方策の立案
　　　　　　目標達成可能な方策の検討
ステップ4　成功シナリオ（最適策）の追究
ステップ5　成功シナリオ（最適策）の実施
ステップ6　効果の確認
　　　　　　目標とその効果のチェック
ステップ7　歯止め
ステップ8　反省と今後の計画

表10. 2　課題達成型と問題解決型の手順の比較

課題達成型	問題解決型
テーマの選定	
手順の選択	
攻めの目標の設定	現状把握
	目標の設定
	要因の解析
方策の立案	方策の検討
成功のシナリオの追求	
成功のシナリオの実施	対策の実施
効果の確認	
標準化と管理の定着	
反省と今後の対応	

〈参考：JISの定義（JIS Q 9024:2003）〉

❶問　　題：設定してある目標と現実との、対策として克服する必要のあるギャップ

❷問題解決：問題に対して、原因を特定し、対策し、確認し、所要の処置をとる活動

❸課　　題：設定しようとする目標と現実との、対処を必要とするギャップ

❹課題達成：課題に対して、努力、技能をもって達成する活動

❺要　　因：ある現象を引き起こす可能性のあるもの

❻原　　因：要因のうち、ある現象を引き起こしているとして特定されたもの

6 | 検査および試験

（1）計測の管理

　JIS Z 9090では、計測器における「校正」について規定しています。計測器を校正する作業は、点検および修正の2つから成り立っている、とあります。

　点検とは、修正が必要であるか否かを知るために、測定標準を用いて測定器の誤差を求め修正限界（修正が必要か否かの判断）との比較を行うこと、としています。

　また、修正とは、計測器の読みと測定器の真の値との関係を表す校正式を求め直す標準の測定を行い、校正式の計算または計測器の調整を行うこと、としています。

（2）官能検査

　官能検査とは、「人間の感覚（視覚・聴覚・味覚・嗅覚・触覚など）を用いて、品質特性（食品、化粧品など）を評価し、判定基準と照合して判定を下す検査」をいいます。

　官能検査は、人間の感覚に頼って検査を行うため、その精度を向上するためには、次のようなことに留意する必要があります。

1）官能検査の合否の判定基準となる「限度見本」を整備する必要がある。限度見本では、合格限度見本と不合格限度見本の両方をそろえると、検査精度が向上する

2）官能検査は、人の感覚で検査するため、検査精度が検査環境によって左右

される。何を検査するかによっても環境の整備の仕方が変わってくる。たとえば、「外観表面のキズ」を検査する場合は、照明の明るさ、などを整備しておく必要がある

3）検査精度を維持するためには、誰が検査しても同じような判定結果が得られるよう、検査手順、検査方法などの検査作業の標準化を図るとともに、また、リーダーは、現物で、検査担当の教育を継続していくことも重要である

（3）測定誤差の種類

　測定とは、「ある量を、基準として用いる量と比較し、数値または符号を用いて表すこと」とJISで定義されています。

　JISでは誤差は、「観測値・測定結果（下図の各●）から真の値を引いた値」また、かたよりは、「測定値の期待値から真の値を引いた差」と定義されています。さらに、ばらつきは、「観測値・測定結果の大きさがそろっていないこと、またはふぞろいの程度、ばらつきの大きさを表すには、標準偏差などを用いる」と定義されています。

図10. 4　誤差・かたより・ばらつきの概念図

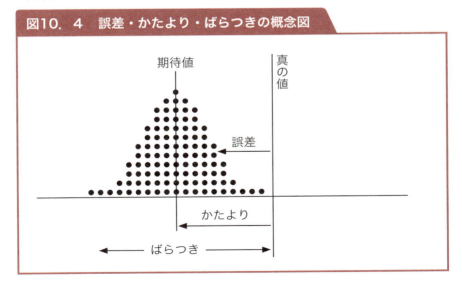

　測定の目的は測定量の真の値を求めることですが、得られる測定値にはいくらかの誤差が含まれることは避けられず、2種類あるといわれています。

2種類の誤差とは、測定の誤差には測定者のクセや、計測器のクセ、校正状態、測定条件などの測定値にかたよりを与える原因によって、真の値からずれてしまう**系統誤差**と、何回も同じ測定をしたときにできる、突き止められない原因によって起こり、測定値のばらつきとなって現れる**偶然誤差**です。

　計測器の精度を管理していくためには、標準になる材料（基準器など）を用意して、実際に品質の確認に使用されている計測器を定期的に基準器とチェックし、管理していくことも重要となります。

7 ｜ 標準化

（1）標準化の定義

ISOでは、**標準化**の定義を次のように定めています。

> 実在の問題、または起こる可能性のある問題に関して与えられた状況において最適な程度の秩序を得ることを目的として、共通に、かつ、繰り返して使用するための記述事項を確立する活動で、規格を作成し、実施する過程からなる。

また、**規格**については次のように定めています。

> 与えられた状況において最適な程度の秩序を達成することを目的に、諸活動または、その結果に関する規則、指針、または特性を共通にかつ繰り返し使用するために定める文書であって、合意によって確立され、かつ、公認機関によって承認されたもの。

（2）社内標準化

1）目的
　社内標準は、企業内のあらゆる活動の**簡素化**、**最適化**などを目ざして作成したものであり、**国家規格**や**国際規格**にも整合していることが必要です。社内標

準化で最も留意すべきこととは、「**守れない、実施されない標準化ではまったく意味がない**」ということです。

　社内標準化は、コスト低減、管理基準の明確化、技術の蓄積、品質の向上などを目的として作成されます。この中でも、コストの低減は重要な目的のひとつであり、
●業務をルール化することによる業務効率の向上
●部品、材料の標準化による互換性の向上
などが項目として挙げられます。

　社内標準化の成果として、社内規格や作業標準などは、コストの削減につながる互換性の向上や品質の向上、安全・健康の確保だけでなく、技術の蓄積にも非常に役立つものです。

2）社内標準化のプロセス
　社内標準化は、次のようなプロセスで進めます。
❶社内規格・標準の作成
　社内規格・標準を作成する。上位規格である**国際規格・国家規格**と関連がある場合は、内容的に矛盾が生じないよう整合性を保持することが不可欠。自社の技術レベル、現場レベルを考慮し、**順守できる、実施できる**規格・標準であることが重要である
❷社内規格・標準に基づいた作業・業務の実施
　作成された社内規格・標準に基づき、**教育・訓練**を行った上で、実際の作業・業務を行う
❸結果の確認
　社内規格・標準に基づいた作業・業務の実施状況及びその効果の確認を行う。定期的にこの確認を行い、**陳腐化**を防ぎ、**社内の技術レベル**向上に結びつけていく
❹社内規格・標準の見直し
　成果が見られない場合は、**守られていない**ためなのか、あるいは、決められた規格・標準の**内容に不都合がある**のかの両面から調査し、守るための教育・訓練の実施や規格・標準の見直しなどの**是正処置**を行う。この標準化からスタートするPDCAのサイクルを、SDCA（Sは標準化：Standardization）とも呼んでいる

3）社内標準化の種類

社内標準化には、次のような種類があります。

❶社内規定

全社に共通的に適用する総括的・横断的なもの

[例]職務分掌規程、文章管理規定など

❷社内規格

規格値や基準値などが技術的な要件などが具体的に定められているもの

[例]製品規格、資材規格

❸社内標準

会社内において、製品、材料、組織などに関して、生産、購入、管理などの業務に使用する目的で、企業が独自に作成するもの

[例]製造標準、購買標準、外注管理標準

（3）工業標準化

日本国の工業標準化制度は、工業標準化法に基づく、「**日本工業規格**(JIS)の制定」と「**日本工業規格**(JIS)との適合性に関する制度(JISマーク表示認証制度及び試験所認定制度)」の2本柱から成り立っています。

1）日本工業規格（JIS）の制定

日本工業規格は工業標準化法に基づく、**鉱工業製品**に関する国家規格です。Japanese Industrial Standardsの頭文字をとって、JISといいます。**医薬品、農業、化学肥料**などはJISの対象から除外されています。

2）JISマーク表示制度

JISマーク表示制度は、工業標準化法第19条、第20条などに基づき、国に登録された機関(登録認証機関)から認証を受けた事業者(認証製造業者など)が、認証を受けた製品またはその包装などにJISマークを表示することができる制度のことをいいます。**製品試験**と**品質管理体制**を審査することで、認証製造業者などから出荷される個々の製品の品質を保証する第三者認証制度です。

JISマークは、表示された製品が該当するJISに適合していることを示しており、取引の単純化のほか、製品の互換性、安全・安心の確保などに寄与しています。

JISマークには次の3種類があります。

鉱工業品用
国内はもちろん、**外国の製造**業者、**販売**業者、**輸出入**業者も適用範囲内となっている

加工技術用
JISで定められた**加工方法**で生産されている場合の証となる

特定側面用
性能や**安全度**など、特定の側面にかかわるJISに適合したことを示す

（4）国際標準化活動

　国際標準化とは、「国際的な枠組みの中で多数の国が協力してコンセンサスを重ねることにより、国際的に適用される国際規格を制定し普及することによって進められる標準化」をいいます。

　国際標準化の代表的な国際機関として、これまで述べてきた**ISO**（国際標準化機構）があります。**ISO**は1947年に設立され、**電気・電子技術分野**以外の広い範囲について国際規格の作成を行っています。

チェック問題

[問1] 品質管理の基本的な考え方に関する次の文章において，空欄①～④に入る最も関連の深い語句を下の選択肢から選べ。ただし，各選択肢を複数回用いることはない。

設計品質とは，製品規格に品質特性について　①　などを具体的に示したものであり，　②　ともいう。一方，製造品質とは実際に製造されたものの品質で，設計のとおりにやれば作れる品質であり，　③　ともいわれている。また，製造品質は製造で作りこんだ品質が設計品質に対してどの程度合致しているかを示すもので，　④　ともいわれている。

【選択肢】
ア．できばえの品質　　**イ**．ねらいの品質　　**ウ**．適合品質　　**エ**．規格値

正解　①エ　②イ　③ア　④ウ

[問2] TQMに関する次の文章(1)～(4)において，空欄①～④に入る最も関連の深い語句を下の選択肢から選べ。ただし，各選択肢を複数回用いることはない。

(1) TQM推進部門は，一般的に品質管理部門，品質保証部門が業務に当たることが多い。その場合には，TQMの推進に加えて製品の検査や，お客様からの　①　などを担当する場合が多い。

(2) TQM計画を推進するにあたっては，計画に沿って，推進できるように　②　を導入し　展開する。

(3) 問題解決の段階では，　③　を中心に管理技術の応用を図っていく。

(4) TQMの取組状況については，　④　を行い，計画の促進と今後の方向付けを行う。

赤シートで正解を隠して問題を解いてください。

【選択肢】
ア．経営トップ診断　イ．方針管理　ウ．統計的手法　エ．クレーム処理

正解　①エ　②イ　③ウ　④ア

[問3] 品質マネジメント7つの原則がISO 9000：2015（JIS Q 9000：2015）で明確にされている。次の説明文①〜⑦と最も関連の深い語句を下の選択肢から選べ。ただし，各選択肢を複数回用いることはない。

①組織は，その顧客に依存しており，そのために，現在および将来の顧客ニーズを理解し，顧客要求事項を満たし，顧客の期待を超えるように努力すべきである。

②リーダーは，組織の目的および方向を一致させる。リーダーは，人々が組織の目標を達成することに十分参画できる内部環境を創り出し，維持すべきである。

③組織内のすべての階層の人々を尊重し，各人の貢献を認め，力量を向上させて，積極的な参加を促進することが，組織の実現能力強化のために必要である。

④活動および関連する資源がひとつのプロセスとして運営管理されるとき，望まれる結果がより効率よく達成される。

⑤組織の総合的パフォーマンスの継続的改善を，組織の永遠の目標とすべきである。

⑥効果的な意思決定は，客観的な事実および情報の分析・評価に基づいている。

⑦組織は，組織に密接に関連する利害関係者との関係をマネジメントすると，持続的成功を達成しやすくなる。

【選択肢】

ア. プロセスアプローチ   **イ**. 関係性管理

ウ. 客観的事実に基づく意思決定   **エ**. リーダーシップ

オ. 人々の積極的参加   **カ**. 改善   **キ**. 顧客重視

正解 ①キ ②エ ③オ ④ア ⑤カ ⑥ウ ⑦イ

[問4] 次の説明文①～⑤と最も関連の深い語句を下の選択肢から選べ。ただし，各選択肢を複数回用いることはない。

①全社的品質管理のTQMとほぼ同義として用いられ，品質を重視する経営姿勢ということもある。

②製品・サービスの質を重視する考え方のこと。

③品質不良を明らかにし，その改善の目標または望ましい状態を明確にし，それらを達成するための計画を策定し，実施し，その結果をチェックし，必要な是正処置をとる，計画的・組織的・継続的活動のこと。

④製品品質について，ユーザーの満足という観点から有用性，安全性，第三者に与える影響などについて，客観的な立場で科学的に判断すること。

⑤QC活動を見直し，一層よいものにするため，そのQC活動の状況を経営トップにみてもらい，問題点の指摘や指導をしてもらう活動。

【選択肢】

ア. QC診断   **イ**. 品質経営   **ウ**. 品質評価

エ. 品質改善   **オ**. 品質意識

正解 ①イ ②オ ③エ ④ウ ⑤ア

10章 品質管理の実践分野

[問5] 次の「方針管理」に関する説明文①〜④と最も関連の深い語句(方針管理の段階)を下の選択肢から選べ。ただし，各選択肢は複数回用いることはない。

①トップが三現主義に基づき，方針の展開，実施状況，目標達成状況などの進捗を確認するフェーズ。

②上位の方針と各部門の方針との関連について，部門の方針が達成された場合に上位の方針が達成されるかどうかの検討を行うフェーズ。

③市場動向などの外部環境および内部の経営資源に関する情報を十分に収集して，分析を行うフェーズ。

④目標値，処置基準，確認などの頻度を決めるフェーズ。

【選択肢】
ア．方針の展開　　　　**イ**．中長期経営計画の策定　　　　**ウ**．診断
エ．管理項目の設定

　正解　①**ウ**　②**ア**　③**イ**　④**エ**

[問6] 次の文章の空欄①〜⑤に入る最も適切なものを下の選択肢から選べ。ただし，各選択肢を複数回用いることはない。

方針管理とは，　①　のもとで，ベクトルを合わせて，方針を　②　で達成していく活動である。
目標を達成する手段が　③　である。品質・価格・納期などの経営基本要素ごとに全社的に目標を定め，それを効果的に達成するために，各部門の業務分担の適正化をはかり，かつ，部門横断的に連携し，協力して行われる活動が　④　である。おのおのの部門が与えられたそれぞれの役割を確実に果たすことができるようにする活動が　⑤　である。

243

【選択肢】

ア．部門別管理　　　**イ**．重点指向　　　**ウ**．全部問・全階層の参画
エ．方策　　　**オ**．機能別管理

正解　①ウ　②イ　③エ　④オ　⑤ア

[問7] 次の「品質の概念」に関する説明文①〜⑤と最も関連の深い語句を下の選択肢から選べ。ただし，各選択肢を複数回用いることはない。

①充足されないと不満，充足されてもとくに満足も不満も起きない品質

②充足されないと不満，充足されると満足な品質

③充足されなくても不満はないが，充足されると満足な品質

④充足されてもされなくても，不満も満足もない品質

⑤充足されると逆に評価を下げる品質

【選択肢】

ア．逆評価品質　　　**イ**．無関心品質　　　**ウ**．一元的品質
エ．魅力的品質　　　**オ**．当たり前品質

正解　①オ　②ウ　③エ　④イ　⑤ア

[問8] 品質保証に関する次の文章（1）〜（7）において，空欄①〜⑪に入る最も適切なものを下の選択肢から選べ。ただし，各選択肢を複数回用いることはない。

（1）製造業者が負うべき賠償責任を定めた法律を製造物責任法と呼ぶ。ここには ① も含まれる。

（2）製造物責任法での製造物の欠陥とは，製造上の欠陥，設計上の欠陥， ② 上の欠陥の3つがある。 ③ の考え方が取り入れられている。

10章

品質管理の実践分野

（3）製造物責任への対応としては，予防のための ④ と防御のための ⑤ の２つに大別できる。

【①～⑤の選択肢】

ア．ＰＬＤ　　　**イ**．無過失責任　　　**ウ**．指示・警告

エ．ＰＬＰ　　　**オ**．輸入業者

（4）その組織の利害関係者などによって行われる外部監査を第二者監査といい，外部からの独立した機関による外部監査を ⑥ という。

（5）検査で不適合品を取り除くという手段よりも「工程で品質を作り込む」という考え方で進める方法を ⑦ という。

（6）望ましくない状況や現象を除去するのが応急処置であり，問題発生時にそのつど原因を調査し，取り除き，同じ問題が二度とおきないように対策を行うことが ⑧ である。

発生すると考えられる問題をあらかじめ計画段階で洗い出して，対策しておくことが ⑨ という。

（7）設計品質とは，ねらいの品質とも呼ばれ， ⑩ が設計どおりの製品を作れば，ねらいどおりの製品ができあがる，かつ，顧客にトラブルを与えないような製品ができるかどうか意味している。

設計段階でも，顧客から要求品質が反映されているかどうかをチェックするために， ⑪ を行うことが重要である。

【⑥～⑪の選択肢】

カ．未然防止　　　**キ**．再発防止　　　**ク**．製造部門

ケ．プロセス管理　　**コ**．第三者監査　　**サ**．ＤＲ

正解　①**オ**　②**ウ**　③**イ**　④**エ**　⑤**ア**　⑥**コ**　⑦**ケ**　⑧**キ**　⑨**カ**　⑩**ク**　⑪**サ**

[問9] 次の「プロセス管理での異常の処置手順」に関する説明文において，空欄①～⑤に入る最も関連の深い語句を下の選択肢から選べ。ただし，各選択肢を複数回用いることはない。

手順1　①　を止める：異常品の　②　を広げないこと
手順2　異常報告：上司への　③　の報告
手順3　④　：客先(後工程)への流出確認
手順4　⑤　：問題発生の根拠を明確にする
手順5　対策実施：原因に対して対策の実施
手順6　確認と歯止め：対策の効果の確認と歯止め

【選択肢】
ア．流出範囲　　　イ．異常品流出の確認　　ウ．原因追究
エ．素早い、事実　　オ．該当工程

　正解　①オ　②ア　③エ　④イ　⑤ウ

[問10] 次の文章は，課題達成型ＱＣストーリーの展開ステップである。空欄①～⑥に入る最も適切なものを下の選択肢から選べ。ただし，各選択肢を複数回用いることはない。

手順1　①　の選定
手順2　②　と目標の設定
手順3　③　の立案
手順4　④　の追究
手順5　④　の実施
手順6　⑤　の確認
手順7　⑥

【選択肢】
ア．方策　　　イ．最適策　　　ウ．効果　　　エ．歯止め
オ．テーマ　　　カ．課題の明確化

　正解　①オ　②カ　③ア　④イ　⑤ウ　⑥エ

[問11] 次の問題解決活動に関する文章について，正しいものには〇，正しくないものには×を選べ。

①あるべき姿と現状のギャップとの差を解決していく活動を，課題達成型の活動という。

②ありたい姿と現状のギャップとの差の問題のことを，問題解決型の問題という。

③課題達成型の問題解決には，創造力，アイデアなどをいかに発揮することができるかがポイントとなる。

正解　①×　②×　③〇

[問12] 次の問題解決活動に関する文章①〜⑤について，問題解決を行うときの手順として「問題解決型」と「課題達成型」のいずれの手順を使用することが一般的かを答えよ。

①課長から，今年になって増加している加工不良を，昨年並みまで低減するようにと指示を受けたQCサークルリーダー

②製造課長から，チョコ停（一時的なトラブルによる停止）による設備停止の原因を突き止めてチョコ停ゼロにするようにという指示を受けた設備担当者

③社長から，新たな分野に参入して今年度の販売額を2億円増やすようにと指示を受けた営業部長

④部長から，従来のやり方にこだわらず，新しい発想でコスト低減20％を考え，対策するようにと指示を受けた開発担当者

⑤部長から，海外に移管する製品の品質レベルを，1か月以内に国内並みの品質レベルに持っていくようにと指示を受けたプロジェクトリーダー

正解　①問題解決型　　②問題解決型　　③課題達成型
　　　④課題達成型　　⑤課題達成型

[問13] 誤差に関する次の文章において，空欄①〜⑥に入る最も適切なものを下の選択肢から選べ。ただし，各選択肢を複数回用いることはない。

　① とは，ある量を，基準として用いる量と比較し，数値または符号を用いて表すことである。

　② とは，観測値・測定結果から真の値を引いた値である。

　③ とは，測定値の期待値から真の値を引いた差である。

　④ とは，観測値・測定結果の大きさがそろっていないこと，またはふぞろいの程度である。④ の大きさを表すには，標準偏差などを用いる。

　測定の誤差には，測定結果にかたよりを与える原因によって，真の値からずれてしまう ⑤ やまた，何回も同じ測定をしたときにできる，突き止められない原因によって起こり測定値のばらつきとなって現れる ⑥ がある。

【選択肢】

ア．偶然誤差　　　**イ**．ばらつき　　　**ウ**．測定

エ．かたより　　　**オ**．誤差　　　　　**カ**．系統誤差

　正解　①**ウ**　②**オ**　③**エ**　④**イ**　⑤**カ**　⑥**ア**

[問14] 次の標準化に関する文章①〜④について，正しいものには〇，正しくないものには×を選べ。

①顧客から，Ｘ製品の外径寸法について，許容差±0.2の要求があったので，社内では余裕をもって，許容差±0.3を標準にすることにした。

②日本工業規格（JIS）は，工業標準化法に基づく国家規格として，生産コストの削減，取引の公正化などに貢献している。

③社内標準化とは，おのおのの企業の目的に応じて内部で行われる標準化活動をいう。

④標準化の効果のひとつとして，技術の蓄積を図ることができるので，社内標準はすべて詳細に作成しなければならない。

正解　①× ②○ ③○ ④×

[問15] 標準化に関する次の文章（1）～（2）において，空欄①～④に入る最も適切なものを下の選択肢から選べ。ただし，各選択肢を複数回用いることはない。

（1）標準化とは，JISでは実在の問題，または起こる可能性がある問題に関して，与えられた状況において　①　を得ることを目的として，共通に，かつ，　②　使用するための記述事項を確立する活動と定義されている。

（2）標準化の目的は，合理的に　③　または統一化を図ることにより，品質の確保，コミュニケーションの促進，　④　，生産性の向上などを達成することである。

【選択肢】
ア．単純化　　イ．互換性の確保　　ウ．最適な秩序　　エ．繰り返して

正解　①ウ ②エ ③ア ④イ

[問16] 標準化に関する次の文章において，空欄①～⑦に入る最も適切なものを下の選択肢から選べ。ただし，各選択肢を複数回用いることはない。

国際標準化機関や国家標準化機関など，公的な機関が作成する規格を　①　と呼ぶ。一方，これに対して，市場などで実質的に標準となったものを　②　と呼ぶ。
国際標準化の代表的な機関として　③　とIECがある。
わが国の国家標準化には，工業標準化法に基づいた　④　を対象に実施されているJIS制度と　⑤　を対象に実施されているJAS制度がある。
JISマークには3つの種類があり，下図の　⑥　は鉱工業品の場合のマーク，　⑦　は加工技術の場合のマークである。

【選択肢】
ア．ISO
イ．デジュールスタンダード
ウ．デファクトスタンダード
エ．農産物
オ．鉱工業品
カ．
キ．

正解　①イ　②ウ　③ア　④オ　⑤エ　⑥カ　⑦キ

解　説

【問1】～【問8】
問題の通り。「まとめ」となっているので覚えておこう。

【問9】
異常発生後の手順は，下記の通り。

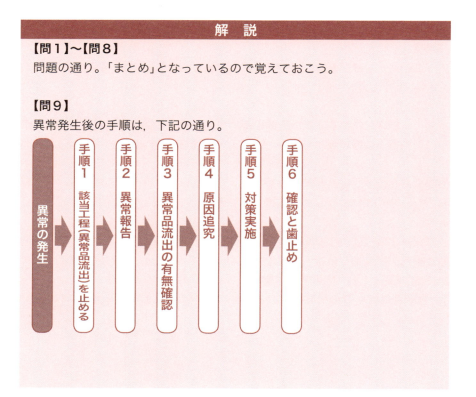

10章

品質管理の実践分野

【問10】
手順1は，取り組むべき「**オ．テーマ**」を決めるフェーズである。

手順2は，「**カ．課題の明確化**」と目標の設定である。課題を明確にすることを一般的に「攻め所」ともいう。

手順3は，考えられる「**ア．方策**」を立案するフェーズである。

手順4，5は，方策を実行するための実行計画書を作成するフェーズである。手順3で出された方策案の中から「**イ．最適策**」を抽出し，実行計画書を策定する。一般に実行計画書は「成功のシナリオ」としてまとめられる。

手順6は，実施した方策の「**ウ．効果の確認**」を行うフェーズである。

手順7は，成功したシナリオを標準化するものである。「**エ．歯止め**」といわれるフェーズである。

【問11】
（1）× **問題解決型**の活動である。

（2）× **課題達成型**の問題である。

（3）〇 問題の通り。

【問12】
①加工不良が昨年実績に比べ増加しているのが現状の問題であり，なぜ増加したのか問題点を追究し解決することにより，加工不良を昨年並みに低減させなければならない。よって，**問題解決型**である。

②チョコ停が発生しているという現状の問題を踏まえて，その原因を突き止めてチョコ停をゼロにするようにという指示なので，**問題解決型**が一般的である。

251

③新たな分野に参入し今年度の販売額を2億円増やすようにという指示であり，新分野への参入ということで，すでにある問題ではなく，今までにない課題に取り組むものである。よって，**課題達成型**が一般的である。

④従来のやり方にこだわらず，新しい発想で考え対策するようにという指示があり，今までにない新たな**課題の達成**を目ざすものである。

⑤海外に移管する製品の品質レベルを，1か月以内に国内並みのレベルに持っていくことが，目ざす姿である。現状に問題があるのではなく，今後の課題を与えられた**課題達成型**である。

【問13】
問題の通り。「まとめ」となっているので覚えておこう。

【問14】
①余裕をもって管理すると，客先の要求を満たさない不適合品が出荷される可能性が出てくるので，×となる。

②・③は問題の通り。

④社内標準化は，実行可能で，必要に応じて改正され，最新の状態に維持することが要求される。内容を詳細にしすぎると，細かな変更に対応できなくなる恐れがあるので，すべてを詳細に作成する必要はない。よって，×となる。

【問15・16】
問題の通り。「まとめ」となっているので覚えておこう。

11章
模擬試験

QC検定2級の実際の試験の問題数は、大問では14〜17問が出題されます。試験時間は90分です。

また、実際の試験では、試験問題と答案用紙が分かれており、答案用紙の解答欄に正解と思う記号または〇✕をマークする形式になっています。試験終了後は、答案用紙だけ回収されます。この模擬試験にも解答記入欄を設けましたので、チャレンジする際は解答記入欄（288ページ）をコピーしてお使いください。

[問1] 次の文章①〜⑤において，最も適切なサンプリングの名称を下欄の選択肢からひとつ選び，その記号を解答欄にマークせよ。ただし，各選択肢を複数回用いることはない。

X社の組み立て工場で使用する部品として，Y社から1箱20本入った箱1000個を定期的に受け入れている。Y社では生産した順に部品を箱詰めしている。この部品の品質特性を調べるためにサンプリングの方法を検討したい。

①入荷した全部品20000本の中からランダムに100本選んで調べる方法

②入荷した部品1000箱すべてについて，箱ごとにランダムに10本選んで調べる方法

③入荷した部品を最初に1000箱の中から10箱を選び，各箱内の部品をすべて調べる方法

④入荷した全部品20000本の中から生産順に一定の間隔で部品100本を選んで調べる方法

⑤入荷した部品を最初に1000箱の中からランダムに100箱を選び，選んだ各箱2000本の中からランダムに100本選んで調べる方法

【選択肢】
ア．系統サンプリング　　　　　**イ**．集落サンプリング
ウ．層別サンプリング　　　　　**エ**．単純ランダムサンプリング
オ．2段サンプリング

$\begin{bmatrix} \text{問2} \end{bmatrix}$ 確率分布に関する次の文章において，空欄①～③に入る最も適切な ものを下欄の選択肢からひとつ選び，その記号を解答欄にマークせ よ。ただし，各選択肢を複数回用いることはない。

ある工程の，工程平均は規格の上限，下限との中心と合致しており，ばらつき も正規分布しているものとする。
このときのCp＝0.67で工程能力は不足しているので，改善活動を行った結 果，Cp＝1.33となった。

（1）Cp＝0.67のときの規格を外れる不適合率は約 ① ％となる。

（2）改善活動を行った結果，標準偏差は改善前に比べて ② となる。

（3）また，工程能力がCp＝1.00に向上した場合，規格を外れる不適合率は約
③ ％となる。

【選択肢】

ア. $\dfrac{1}{2}$ イ. 2   ウ. 0.3

エ. 3   オ. 5   カ. $\dfrac{1}{10}$

255

[問3] 検定に関する次の文章（1）～（5）において，空欄①～⑤に入る最も適切なものを下欄の選択肢からひとつ選び，解答欄にマークせよ。ただし，各選択肢を複数回用いることはない。

製造工程において，ある部品の工程平均に関する帰無仮説を，
帰無仮説H_0：$\mu = 7.0$（単位：mm）としたときに，下記の設問に答えよ。

（1）帰無仮説H_0：$\mu = 7.0$が正しくないにもかかわらず，これを棄却しない誤りは ① である。

（2）帰無仮説H_0：$\mu = 7.0$が正しいにもかかわらず，これを棄却する誤りは ② である。

（3）対立仮説H_1：$\mu > 7.0$として，その対立仮説が正しいときに，対立仮説を採択する確率は ③ である。

（4）帰無仮説H_0：$\mu = 7.0$，対立仮説H_1：$\mu > 7.0$とする検定方式は ④ である。

（5）製造工程を改善したときに，サンプルをとって，母平均が変化したかどうかを調べたいときに使う検定統計量（母分散は変化している可能性がある）は ⑤ である。

【選択肢】

ア．$\dfrac{標本平均値 - 母平均値}{\sqrt{\dfrac{母分散}{標本数}}}$　　イ．$\dfrac{標本平均値 - 母平均値}{\sqrt{\dfrac{不偏分散}{標本数}}}$

ウ．検出力　　　　　　　　エ．第一種の誤り

オ．第二種の誤り　　　　　カ．片側検定

キ．両側検定

$\left[\text{問4}\right]$ 相関分析に関する次の文章①〜④において，正しいものには○，正しくないものには×を選び，解答欄にマークせよ。

①相関係数 r のとりうる値の最小値は0である。

②相関係数は外れ値の影響を受けやすい。

③2つの変数 x と y との標本相関係数が0.95であった場合でも，必ず因果関係があるとはいえない。

④2つの変数 x と y との標本相関係数が0の場合でも，両者には関係がある場合がある。

[問5] 単回帰分析に関する次の文章(1), (2)において, 空欄①～⑭に入る最も適切な数値を下欄の選択肢からひとつ選び, 解答欄にマークせよ。ただし, 各選択肢を複数回用いてもよい。

ある製品の機械的強度 y を高めることを目的として, ある要因 x との関係を調べるために10対のデータをとり, 次の統計量を得た。

　　x の平均値 $\bar{x}=5.0$　　　　　　　　y の平均値 $\bar{y}=6.0$

　　x の偏差平方和 $S_x=150$　　　　　　y の偏差平方和 $S_y=70$

　　x と y の偏差積和 $S_{xy}=75$

(1) 分散分析表を作成し, 母回帰係数 β の検定を行い, 2変数間直線関係があるかどうか確認せよ。

　　仮説　　$\beta=0$

　　〈分散分析表〉

	平方和	自由度	不偏分散	分散比 F_0
回帰	①	④	⑦	
残差	②	⑤	⑧	⑨
計	③	⑥		

　　F分布表より,

　　$F($ ④ , ⑤ ; $0.05)=$ ⑩

　　分散比 $F_0=$ ⑨ 　＞　 $F($ ④ , ⑤ ; $0.05)$

　　したがって, 仮説 $H_0: \beta=0$ は ⑪ 。

　　要因 x と強度 y との間には, 直線的な関係が ⑫ といえる。

(2) 回帰直線 $y=a+bx$ を推定せよ。

　　$\hat{y}=$ ⑬ $+$ ⑭ $\times x$

【選択肢】

ア. 0.5　**イ**. 1　　**ウ**. 3.5　　**エ**. 4.1　　**オ**. 5.32

カ. 8　　**キ**. 9　　**ク**. 9.15　**ケ**. 32.5　**コ**. 37.5

サ. 70　**シ**. 棄却される　　　**ス**. 棄却されない

セ. ある　**ソ**. ない

258

$\begin{bmatrix} 問6 \end{bmatrix}$ 実験計画法に関する次の文章①～④において，正しいものには○，正しくないものには×を選び，解答欄にマークせよ。

①3水準の因子Aと4水準の因子Bを取り上げ，繰り返し2回の二元配置実験を行った。このとき，交互作用A×Bの自由度は12となる。

②実験計画法を進めるにあたっては，フィッシャーの三原則にしたがって実験の場を管理することが重要である。その三原則とは，反復の原則，無作為の原則，局所管理の原則である。

③3水準の因子Aについて，繰り返し3回の一元配置実験を行った。このとき，因子Aの効果の有無について有意水準5％でF検定する際に使われる表の値はF（2，6；0.05)である。

④2つの因子A，Bを取り上げ，繰り返しある二元配置実験を行った。A，Bの主効果，交互作用すべてが有意となった。各水準組み合わせにおける母平均の点推定値は，その組み合わせにおけるデータの平均値となる。

$\begin{bmatrix} \text{問} 7 \end{bmatrix}$ 管理図に関する次の文章①～③において，正しいものには〇，正しくないものには×を選び，解答欄にマークせよ。

①設定した管理限界線に対しては，まったく変更しないよりも，工程に改善活動を行った後は，その後のデータを用いて管理限界線を計算し管理していくやり方がよい。

②管理図の目的は異常原因を検出し，不適合品が出てしまう前に手を打つことである。

③プロットした点が管理限界線の範囲内にあれば，統計的管理状態と判断してよい。

[問8]

新QC7つ道具に関する次の文章(1)～(5)において，対応する手法の名称とそれを表した概略図を下欄のそれぞれの選択肢からひとつ選び，解答欄にマークせよ。ただし，各選択肢を複数回用いることはない。

(1)目的と手段が系統的に展開していく手法

手法の名称： ①　　概略図： ⑥

(2)結果と原因が複雑に絡み合っている問題に対して，その関係を論理的に整理する手法

手法の名称： ②　　概略図： ⑦

(3)はっきりしていない問題について，事実，意見を言語データとしてとらえ，それらの相互の親和性によって統合整理していく手法

手法の名称： ③　　概略図： ⑧

(4)プロジェクトなどの計画の進捗を管理する手法

手法の名称： ④　　概略図： ⑨

(5)予測される事態に対してあらかじめ対応策を検討し，事態を望ましい結果に導くための手法

手法の名称： ⑤　　概略図： ⑩

【①～⑤の選択肢】

ア．連関図法　　　**イ**．親和図法　　　**ウ**．アローダイヤグラム法

エ．PDPC法　　**オ**．系統図法

　（【⑥～⑩の選択肢】は次ページ）

261

【⑥〜⑩の選択肢】

カ.

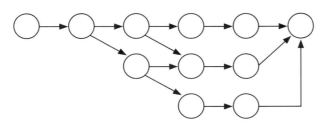

キ.

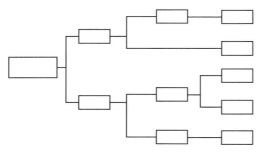

ク.

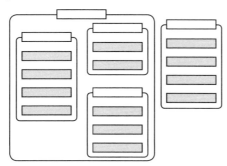

ケ.

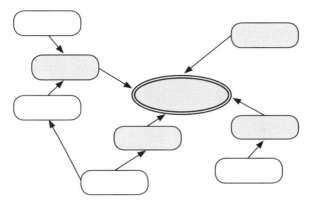

コ.

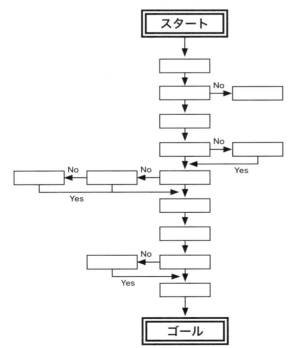

$\begin{bmatrix} 問9 \end{bmatrix}$ 信頼性工学に関する次の文章(1),(2)において,空欄①,②に入る最も適切な数値を下欄の選択肢からひとつ選び,解答欄にマークせよ。ただし,各選択肢を複数回用いてもよい。

ある装置に使用している5個の電球は,それぞれ120, 130, 145, 160, 185時間で故障した。

(1)平均故障寿命(MTTF)は ① となる。

(2)電球の稼働時間を少なくとも150時間保ちたいときの信頼度は ② %となる。

【選択肢】
ア. 140   イ. 148   ウ. 150   エ. 40   オ. 50

[問10]

次の文章（1）～（3）において，空欄①～⑬に入る最も適切なものを下欄のそれぞれの選択肢からひとつ選び，解答欄にマークせよ。ただし，各選択肢を複数回用いることはない。

（1）顧客の要求事項を考慮し，設計段階で品質特性を決定する。このときの設計段階での目標となる品質を ① という。この ① を定めるための手法として ② がある。この ① で製造した品質のことを ③ という。

【（1）の選択肢】

ア．魅力的品質 　　　**イ**．できばえの品質 　　　**ウ**．ねらいの品質

エ．品質機能展開 　　**オ**．あたりまえ品質

（2）全社・全部門の参画のもとで，企業が向かうべきベクトルを合わせ ④ を ⑤ で達成していく活動が ⑥ である。経営の基本的な機能ＱＣＤなどを機能毎に目標を決めて，各部門 ⑦ に連携していく活動を ⑧ という。各々の部門が与えられたそれぞれの役割を果たす，経営の基本となる活動が ⑨ である。

【（2）の選択肢】

ア．機能別管理 　　**イ**．日常管理 　　**ウ**．方針 　　**エ**．横断的

オ．方針管理 　　　**カ**．方策 　　　　**キ**．重点指向

（3）品質保証体系図は製品の開発から販売，アフターサービスいたるまでの各ステップにおける ⑩ を各部門間に割り付けたものである。この体系図には，一般的に ⑪ 方向にステップ， ⑫ 方向に顧客および組織の部門を配置し，フローチャートで示し， ⑬ を入れることが多い。

【（3）の選択肢】

ア．フィードバック経路 　　**イ**．フィールド情報 　　**ウ**．業務

エ．縦 　　　　　　　　　　**オ**．横

265

[問11] 品質マネジメント7つの原則がISO 9000：2015(JIS Q 9000：2015)で明確にされている。次の説明文(1)～(4)において，空欄①～⑥に入る最も関連の深い語句を下欄の選択肢から選び，解答欄にマークせよ。ただし，各選択肢を複数回用いることはない。

(1)顧客重視

　　組織は，その顧客に依存しており，そのために，現在および将来の顧客ニーズを理解し，　①　を満たし，顧客の期待を超えるように努力すべきである。

(2)人々の積極的参加

　　組織内のすべての　②　の人々を尊重し，各人の　③　を認め，力量を向上させて，積極的な参加を促進することが，組織の実現能力強化のために必要である。

(3)改善

　　組織の総合的　④　の継続的な改善を組織の永遠の目標とすべきである。

(4)関係性管理

　　組織は，組織に密接に関連する　⑤　関係者との関係をマネジメントすると，持続的　⑥　を達成しやすくなる。

【選択肢】

ア．パフォーマンス　　　　イ．自ら　　　　　　　ウ．関係

エ．貢献　　　　　　　　　オ．アライアンス　　　カ．階層

キ．顧客要求事項　　　　　ク．絆　　　　　　　　ケ．成功

コ．供給者要求事項　　　　サ．協力　　　　　　　シ．利害

$\begin{bmatrix} 問12 \end{bmatrix}$ 抜き取り検査に関する次の文章①～④において，正しいものには〇，正しくないものには×を選び，解答欄にマークせよ。

①官能検査は人間の感覚で判定するので，検査方法の標準化はできない。

②検査とは、品物の適合／不適合の判定することはもちろん，ロットに対して合格／不合格の判定をすることも含まれる。

③無試験検査は検査ではない。

④ＯＣ曲線は，採用した抜き取り検査において，ロットがもつ不良率がどれくらいの確率で合格するのかを表している。

[問13] 次に示した手順は，課題達成型ＱＣストーリーの展開ステップである。空欄①〜③に入る最も適切なものを下欄の選択肢から選び，解答欄にマークせよ。ただし，各選択肢を複数回用いることはない。

手順1　テーマの選定

手順2　　①　と目標の設定

手順3　方策の立案

手順4　　②　の追究

手順5　　②　の実施

手順6　効果の確認

手順7　　③

手順8　反省と今後の計画

【選択肢】
ア．方策　　　　イ．成功のシナリオ　　　ウ．効果
エ．歯止め　　　オ．攻め所

268

$\begin{bmatrix} 問14 \end{bmatrix}$ 次の標準化に関する文章①〜④において，正しいものには〇，正しくないものには×を選び，解答欄にマークせよ。

①標準化は，国際標準，国家標準，社内標準などの種類に分けられる。この中で，国際規格の作成を行っている機関としてISOがある。ISOではすべての分野についての国際規格の作成を行っている。

②日本工業規格（JIS）は,工業標準化法に基づく国家規格として，生産コストの削減，取引の公正化などに貢献している。

③社内標準化とは，おのおのの企業の目的に応じて内部で行われる標準化活動をいう。

④標準は順守すべき項目を決めているので，社内標準はすべて詳細に作成しなければならない。

$\left[\text{問}15\right]$ 検定・推定に関する次の設問（1）～（3）の空欄①～⑩に入る最も適切なものをそれぞれの選択肢からひとつずつ選べ。ただし，各選択肢を複数回用いることはない。

（1）Xラインで生産される製品の不適合品率は従来，$P = 0.10$であった。今回，ラインの一部を変更して作られた製品から$n = 100$のサンプルをとって検査したところ，不適合品数（k）$= 30$であった。母不適合品率の検定を行うとき，帰無仮説$H_0 : P = P_0（P_0 = 0.05）$のもとで，二項分布の正規分布近似法が使用できる条件での検定統計量は　①　となる。さらに，ライン変更後の母不適合品率の点推定は0.30，信頼率95%信頼区間は（下限＝　②　，上限＝　③　）となる。

【（1）の選択肢】

ア. $Z = \dfrac{k - nP_0}{\sqrt{nP_0(1 - P_0)}}$　　**イ**. $Z = \dfrac{k - nP_0}{\sqrt{nP_0}}$　　**ウ**. $Z = \dfrac{k - nP_0}{\sqrt{P_0 / n}}$

エ. 0.1　　**オ**. 0.2　　**カ**. 0.205　　**キ**. 0.210

ク. 0.250　　**ケ**. 0.390　　**コ**. 0.395

（2）Yラインで生産される製品には1基板当たりの不適合品数$= 1.5$のキズが発生していた。今回ラインの一部を変更して作られた製品から$n = 25$台の基板をとって検査したところ，合計の不適合品数$= 16$であった。帰無仮説$H_0 : \lambda = \lambda_0（\lambda_0 = 1.5）$と設定して検定を行うとき，ポアソン分布の直接正規分布近似法が使用できる条件での検定統計量は　④　となる。さらに，ライン変更後の母不適合品数の点推定は　⑤　，信頼率95%信頼区間（下限，上限）は　⑥　となる。

【（2）の選択肢】

ア. $Z = \dfrac{\hat{\lambda} - \lambda_0}{\sqrt{\lambda_0 / n}}$　　**イ**. $Z = \dfrac{\hat{\lambda} - \lambda_0}{\sqrt{\lambda_0}}$　　**ウ**. $Z = \dfrac{\hat{\lambda} - \lambda_0}{\sqrt{n\lambda_0}}$

エ. 0.5　　**オ**. 0.64　　**カ**. 0.8　　**キ**. (0.326, 0.954)

ク. (0.250, 0.090)

（3）A，B，Cの3台の機械で部品を作ったところ，適合品と不適合品が次のように発生した。これにより，機械A，B，Cによって，適合品，不適合品の出方に違いがあるかどうかの検定を行いたい。

この検定における検定統計量は，

$$\text{検定統計量} \quad X^2 = \sum_{i=1}^{m} \sum_{j=1}^{n} \frac{(f_{ij} - e_{ij})^2}{e_{ij}} \qquad \begin{array}{l} f_{ij}：観測度数 \\ e_{ij}：期待度数 \end{array}$$

で表される。この統計量は ⑦ 分布に従う。

そのときの自由度は ⑧ である。

期待度数表を作成すると次のようになった。A機械の適合品の期待度数は ⑨ で，B機械の不適合品の期待度数は ⑩ である。

（表）不適合品発生状況

	適合品	不適合品	合　計
A工場	98	12	110
B工場	83	27	110
C工場	84	36	120
合　計	265	75	340

（表）期待度数

	適合品	不適合品
A工場	⑨	
B工場		⑩
C工場		

【（3）の選択肢】

ア．t　　**イ**．X^2　　**ウ**．正規　　**エ**．なし　　**オ**．1

カ．2　　**キ**．3　　**ク**．4　　**ケ**．5　　**コ**．6

サ．20　　**シ**．24　　**ス**．80　　**セ**．86

模擬試験　解答

[問1] 6章 1.サンプリング　からの出題

【正解】
①エ　　②ウ　　③イ　　④ア　　⑤オ

【解説】
①入荷した全部品20000本からランダムに部品100本を選ぼうとしている。これは「母集団からあるサンプルサイズのサンプリング単位を取り出し，すべての組み合わせが等しい確率になる」単純ランダムサンプリングに該当する。したがって，正解はエ。

②入荷した部品1000箱すべてについて，箱ごとにランダムに10本選ぼうとしている。これは「母集団を層別し，各層から1つ以上のサンプリング単位をランダムにとる（JIS Z 8101-2）」層別サンプリングに該当する。したがって，正解はウ。

③入荷した部品1000箱の中からランダムに10箱選び，選んだ箱内の部品20本すべてを対象としている。これは「母集団をいくつかの集落に分割し，全集落からいくつかの集落をランダムに選び，選んだ集落に含まれるサンプリング単位をすべてとる（JIS Z 8101-2）」集落サンプリングに該当する。したがって，正解はイ。

④入荷した全部品20000本の中から生産順に一定の間隔で部品100本を選ぼうとしている。これは「母集団のサンプリング単位が何らかの順序で並んでいるときに一定の間隔でサンプリング単位をとる（JIS Z 8101-2）」系統サンプリングに該当する。したがって、正解はア。

⑤入荷した部品を最初に1000箱の中からランダムに100箱を選び，選んだ箱それぞれの部品2000本の中からランダムに100本を選ぼうとしている。これは「母集団をいくつかの群に分け，1段目のサンプリングとして，ランダムに群を複数選択し，次に2段目のサンプリングとして，1段目で選んだ群からサンプリングを選ぶ(JIS Z 8101-2)」**2段サンプリング**に該当する。したがって，正解は**オ**。

［問2］ 1章 6.工程能力指数　からの出題

【正解】
①**オ**　　②**ア**　　③**ウ**

【解説】
(1)改善前の分布は，ねらいの値が，規格の中心と合致しており，$Cp = 0.67$であることより，

$$Cp = \frac{規格の幅}{6 \times 標準偏差} = 0.67 \quad が成り立つには，$$

規格の幅＝4×標準偏差　である必要がある。
次のページの　$\mu \pm 2\sigma \fallingdotseq 95\%$　に該当するので，不適合率は5％となる。
よって，正解は**オ**。

(2)改善前の$Cp = 0.67$が改善後の$Cp = 1.33$になったのは，

$$Cp = \frac{規格の幅}{6 \times 標準偏差} \quad の式より，$$

標準偏差が$\frac{1}{2}$になったためである。
よって，正解は**ア**。

(3) 改善後の工程能力がCp＝1.00に向上した場合，

$$Cp = \frac{規格の幅}{6 \times 標準偏差} = 1.00 \quad が成り立つには，$$

規格の幅＝6×標準偏差　である必要がある。

下記の　$\mu \pm 3\sigma \fallingdotseq 99.7\%$　に該当するので，不適合率は**0.3%**となる。

よって，正解は**ウ**。

一般的に，$N(\mu, \sigma^2)$において，$\mu \pm a\sigma$の範囲に入る確率は次の通りであることが知られている。

※ここでNは，平均値＝μ，分散＝σ^2の正規分布を表している。

詳しくは，2章の「確率分布」を参照。

a＝1のときは　$\mu \pm \sigma \fallingdotseq 68\%$
a＝2のときは　$\mu \pm 2\sigma \fallingdotseq 95\%$
a＝3のときは　$\mu \pm 3\sigma \fallingdotseq 99.7\%$

［問3］ 3章「検定・推定」 からの出題

【正解】
①オ　　②エ　　③ウ　　④カ　　⑤イ

【解説】
①帰無仮説が正しくないときに，その帰無仮説を棄却しない誤りを「**第二種の誤り**」といい，「ぼんやりものの誤り」ともいう。よって，正解は**オ**。なお，第二種の誤りをおかす確率は，βで表される。

②帰無仮説が正しいときに，その帰無仮説を棄却する誤りを「**第一種の誤**

り」といい，「あわてものの誤り」ともいう。よって，正解は**エ**。なお，第一種の誤りをおかす確率は，αで表される。

③対立仮説が正しいとき，対立仮説を採択する確率$1-\beta$を「**検出力**」という（46ページ参照）。よって，正解は**ウ**。

④帰無仮説H_0：$\mu=7.0$，対立仮説H_1：$\mu>7.0$とする検定方式は片側検定である。よって，正解は**カ**。

⑤「母分散は変化している可能性がある」とあるので，母分散は未知である。したがって，母分散未知のt検定統計量に帰着する。よって，正解は**イ**。

［問4］ 4章 1-2. 相関係数 からの出題

【正解】
①×　　②○　　③○　　④○

【解説】
①相関係数rは，**－1**から**1**までの値を取るので，最小値は**－1**となる。よって，正解は**×**。

②相関係数は外れ値があると，平方和の値を大きくすることになるので，その値と比べて値が変化してしまう。したがって，**外れ値**の影響を受けやすいことになる。よって，正解は**○**。

③問題文の通り。詳細は4章参照。よって、正解は**○**。

④二次関数や指数関数の場合がある（92ページ参照）。よって，正解は**○**。

［問5］ 4章 2-3. 単回帰分析（分散分析）の手順　からの出題

【正解】

①コ　　②ケ　　③サ　　④イ　　⑤カ　　⑥キ　　⑦コ　　⑧エ

⑨ク　　⑩オ　　⑪シ　　⑫セ　　⑬ウ　　⑭ア

【解説】

（1）次の手順によって求める。

手順1　各平方和を求める。

総変動（S_T）は，

$$S_T = S_y = 70 \cdots ③$$

回帰による変動（S_R）は，

$$S_R = \frac{(S_{xy})^2}{S_x} = \frac{75 \times 75}{150} = 37.5 \cdots ①$$

残差による変動（S_E）は，

$$S_E = S_y - \frac{(S_{xy})^2}{S_x} = 32.5 \cdots ②$$

手順2　各自由度を求める。

全体の自由度（ϕ_T）は，

$$\phi_T = n - 1 = 9 \cdots ⑥$$

回帰による自由度（ϕ_R）は，

$$\phi_R = 1 \cdots ④$$

回帰からの自由度（ϕ_e）は，

$$\phi_e = n - 2 = 8 \cdots ⑤$$

手順3　各不偏分散（V）と分散比（F_0）を求める。

不偏分散（V）は，

$$V_R = \frac{S_R}{\phi_R} = 37.5 \cdots ⑦$$

$$V_e = \frac{S_E}{\phi_e} = \frac{32.5}{8} \fallingdotseq 4.1 \cdots ⑧$$

分散比(F_0)は,

$$F_0 = \frac{V_R}{V_e} = 9.15 \cdots ⑨$$

手順4　分散分析表を作成する。

下の表のように, 求めた数値を書き込む。

〈分散分析表〉

	平方和	自由度	不偏分散	分散比 F_0
回帰	37.5	1	37.5	
残差	32.5	8	4.1	9.15
計	70	9		

手順5　判定する。

ここで得た分散比$F_0 = 9.15 \cdots ⑨$と巻末にあるF表のF(1, 8 ; 0.05)$= 5.32 \cdots ⑩$と比べる。

$$F_0 = 9.15 > F(1, 8 ; 0.05) = 5.32$$

したがって, 仮説$H_0: \beta = 0$は**棄却される**$\cdots ⑪$,

要因 x と強度 y との間には, 直線的な関係を考えることは意味のあることである$\cdots ⑫$と判定する。

(2)回帰直線の推定を行う。

回帰式　$y = a + b\,x$

$$b = \frac{S_{xy}}{S_x} = \frac{75}{150} = 0.5 \cdots ⑭$$

$$a = \bar{y} - b\,\bar{x} = 6.0 - 0.5 \times 5.0 = 3.5 \cdots ⑬$$

よって, $\hat{y} = 3.5 + 0.5\,x$

[問6] 5章「実験計画法」 からの出題

【正解】

①×   ②○   ③○   ④○

【解説】

①交互作用の平方和の自由度は，繰り返し回数は関係しないので，$2 \times 3 = 6$ となる。

②問題文の通り。「おさらい」の意味があるので，できなかったら復習しておこう。

③問題文の通り。「おさらい」の意味があるので，できなかったら復習しておこう。

④因子Aだけが有意の場合は因子A平均値，因子Bだけが有意の場合は因子B平均値。因子A，Bとも有意であるが，交互作用A×Bが有意でない場合には，たとえばA_2B_3であればA_2でのデータすべての平均値＋B_3でのデータすべての平均値－（すべてのデータの平均値）で算出される。

[問7] 7章「管理図」 からの出題

【正解】

①○   ②○   ③×

【解説】

①問題文の通り。「おさらい」の意味があるので，できなかったら復習しておこう。

②問題文の通り。「おさらい」の意味があるので，できなかったら復習しておこう。

③並び方にくせがある場合は，「統計的な管理状態でない」と判断する。

[問8] 9章「QC7つ道具」からの出題

【正解】
①オ　②ア　③イ　④ウ　⑤エ
⑥キ　⑦ケ　⑧ク　⑨カ　⑩コ

【解説】
①オ：系統図法　⑥キ

目的や目標を達成するための手段・方策を，系統的に（目的－手段，目的－手段と）具体的実施段階のレベルへと展開していくことによって，目的や目標を達成するための最適な手段・方策を追求していく方法を系統図法という。

②ア：連関図法　⑦ケ

原因－結果，目的－手段などが絡み合った問題に対し，因果関係や，要因相互の関係を明らかにすることで問題を解決していく手法を連関図法という。

特性に対して同じ要因が何回も出てくるような，要因が複雑に絡み合っている場合に使用すると効果的。

③イ：親和図法　⑧ク

未来，将来の問題，未知，未経験の分野の問題など，はっきりしていない問題について事実，意見，発想を言語データとしてとらえ，それらの相互の親和性（よく親しみ合う）によって統合した図を作ることにより，解決すべき問題の所在，形態を明らかにしていく方法を親和図法という。

④ウ：アローダイヤグラム法　⑨カ

　プロジェクトなどの計画を推進するのに必要な作業の順序を矢線と結合線を用いた図で表し，日程管理上の重要な経路を明らかにして効率的な日程計画を作成するとともに，計画の進捗を管理する手法を**アローダイヤグラム法**という。

⑤エ：ＰＤＰＣ法　⑩コ

　予測される事態に対してあらかじめ対応策を検討し，事態を望ましい結果に導くための手法を**ＰＤＰＣ法**という。

　ＰＤＰＣはProcess Decision Program Chartの略称である。

[問9] 8章 2.耐久性／3.信頼度(R：Reliability)の求め方　からの出題

【正解】
①イ　②エ

【解説】
（1）平均故障寿命（ＭＴＴＦ）

$$= \frac{総稼働時間}{総故障件数} \quad で求められるので，$$

$$= \frac{120+130+145+160+185}{5} = 148 \cdots ①$$

（2）稼働時間150時間に対する信頼度は，5個の中で2個の電球が150時間以上クリアできたので，

$$\frac{2}{5} \times 100 = 40\% \cdots ②$$

280

11章 模擬試験 解答

[問10] 10章「品質管理の実践分野」 からの出題

【正解】

(1)①ウ　　②エ　　③イ

(2)④ウ　　⑤キ　　⑥オ　　⑦エ　　⑧ア　　⑨イ

(3)⑩ウ　　⑪エ　　⑫オ　　⑬ア

【解説】

(1)設計段階での目標となる品質を**ねらいの品質**といい，この設計品質を
ねらって製造した品質のことを**できばえの品質**という。適合の品質と
もいわれている。
品質機能展開(QFD)とは，製品に対する企業と顧客の考えのミス
マッチを，「品質表」(本書では省略)を用いることで減らす手法。QF
DはQuality Function Deploymentの略称である。

(2)全社・全部門の参画のもとで，企業が向かうべきベクトルを合わせ，
立てた**方針**を重点指向で達成していく活動が**方針管理**である。目標を
達成するための手段は**方策**という。経営の基本的な機能QCDなどを
機能毎に目標を決めて，各部門横断的に連携していく活動を**機能別管
理**という。各々の部門が与えられたそれぞれの役割を果たす，経営の
基本となる活動が**日常管理**である。

(3)品質保証体系図とは，製品の開発から販売，アフターサービスいたる
までの各ステップにおける**業務を各部門間に割り付けた**ものである。
この体系図には，一般的に縦軸には製品開発から販売・サービスまで
のステップ，横軸には顧客および組織の部門を配置し，フローチャー
トで示し，**フィードバック経路**を入れることが多い。

281

[問11] 10章 1. 品質管理の基本 からの出題

【正解】
①キ ②カ ③エ ④ア ⑤シ ⑥ケ

【解説】
組織のパフォーマンス改善に向けて導くために，トップマネジメントが用いることのできる，7つの品質マネジメントの原則がISO 9000で明確にされている。10章と重複するが，確認のため，その7項目の要旨を以下に示しておく。

a）顧客重視
組織は，その顧客に依存しているので，現在および将来の顧客ニーズを理解して，**顧客要求事項**を満たすことはもちろん，さらに顧客の期待を超えるような製品，サービスを提供するように努力をしなければならない，というものである。

b）リーダーシップ
リーダーは，組織の**目的と方向**の調和を図らねばならない。リーダーは，人々が組織の目標を達成することに十分参画できる内部環境を創り出し，維持しなければならない，というものである。

c）人々の積極的参加
組織内のすべての**階層**の人々を尊重し，各人の**貢献**の重要性を理解してもらうべくコミュニケーションを図り，貢献を認め，力量を向上させて，積極的な参加を促進することが，組織の実現能力強化のために必要である，というものである。

d）プロセスアプローチ

活動および関連する経営資源と業務が**ひとつのプロセス**として管理された場合には，望ましい結果が効果的に達成される，というものである。

e）改善

組織の総合的**パフォーマンス**の継続的改善を組織の永遠の目標とすべきである。つまり，単に問題点を改善していくだけではなく，つねに「他によい手段はないか」を探し，改善を続けていくことが重要だ，ということである。

f）客観的事実に基づく意思決定

効果的な意思決定は，客観的な事実および情報の分析・評価に基づくもので，**勘・経験**を重視するのではなく，客観的事実（データ）を重視する，ということである。

g）関係性管理

組織は，組織に密接に関連する**利害関係者**との関係をマネジメントすると，持続的**成功**を達成しやすくなる，ということである。

[問12] 6章「サンプリングと検査」／10章 6.検査および試験　からの出題

【正解】

①×　　②○　　③×　　④○

【解説】

①官能検査方法を規定したJIS（官能評価分析法）があるので×となる。

②問題文の通り。

③無試験検査とは，これまでの品質実績などを考慮し，サンプルの試験を省略することをいう。ロットの合否の判定は，書類だけで行う。

④問題文の通り。

[問13] 10章 5.課題達成型QCストーリーの進め方　からの出題

【正解】

①オ　　②イ　　③エ

【解説】

手順2は，課題の明確化と目標の設定である。課題を明確化することを一般的に「攻め所」という。

手順4，5は，方策を実行するための実行計画書を作成するフェーズである。一般的に実行計画書は「成功のシナリオ」としてまとめられる。

284

手順7は，成功したシナリオを標準化するものである。「歯止め」といわれるフェーズである。

[問14] 10章 7．標準化　からの出題

【正解】
①×　　②○　　③○　　④×

【解説】
①電気関係については，ＩＥＣが規格を作成している。ＩＳＯは，電気・電子技術分野以外の国際規格の作成を行っている。

②問題文の通り。

③問題文の通り。

④社内標準化は，**実行可能**で，必要に応じて**改正**され，**最新**の状態に維持することが要求される。内容を詳細にしすぎると，細かな変更に対応できなく恐れがあるので，すべてを詳細に作成する必要はない。

[問15] 3章「検定・推定」のうち，2015年改定レベル表による新たな
出題範囲　8．計数値データに基づく検定と推定　からの出題

【正解】
（1）①ア　　②キ　　③ケ　　　　　（2）④ア　　⑤オ　　⑥キ
（3）⑦イ　　⑧カ　　⑨セ　　⑩シ

【解説】
（1）
二項分布の正規分布近似法が使用できる条件での検定統計量は，次のように
なる。

$$Z = \frac{k - nP_0}{\sqrt{nP_0(1 - P_0)}} \quad \cdots ①$$

母不適合品率の推定

点推定　$\hat{P} = p = \dfrac{30}{100} = 0.30$

信頼率95％の区間推定

$$p \pm Z\left(\frac{\alpha}{2}\right)\frac{\sqrt{p(1 - p)}}{\sqrt{n}} = 0.30 \pm 1.96 \frac{\sqrt{0.3 \times 0.7}}{10}$$

$$\fallingdotseq 0.30 \pm 0.090$$

よって，下限＝0.210…②，上限＝0.390…③

（2）
検定統計量の決定
ポアソン分布の直接正規分布近似法が使用できる条件での，検定統計量は
次のようになる。

検定統計量 $Z = \dfrac{\hat{\lambda} - \lambda_0}{\sqrt{\lambda_0 / n}} \cdots ④$　　$\hat{\lambda} = \dfrac{T}{n}$

とおくと，Zは標準正規分布をする。

286

母不適合品数の推定

点推定 $\hat{\lambda} = \dfrac{T}{n} = \dfrac{16}{25} = 0.64 \cdots ⑤$

信頼率95％の区間推定

$$\hat{\lambda} \pm Z\left(\dfrac{\alpha}{2}\right)\dfrac{\sqrt{\hat{\lambda}}}{\sqrt{n}} = 0.64 \pm 1.96\dfrac{\sqrt{0.64}}{\sqrt{25}} = 0.64 \pm 1.96 \times \dfrac{0.8}{5}$$

$$\fallingdotseq 0.64 \pm 0.314$$

よって，（下限＝0.326，上限＝0.954）$\cdots ⑥$

（3）
m×n分割表の検定統計量は，次の式で表される。

検定統計量 $X^2 = \displaystyle\sum_{i=1}^{m}\sum_{j=1}^{n}\dfrac{(f_{ij}-e_{ij})^2}{e_{ij}}$ f_{ij}：観測度数
e_{ij}：期待度数

この検定統計量は近似的に，自由度 $\phi = 2$ の X²分布$\cdots ⑦$ に従う。
そのときの自由度は，$\phi = (m-1)(n-1) = (3-1)(2-1) = 2 \cdots ⑧$
である。

期待度数を計算すると，次のようになる。

	適合品	不適合品
A工場	110×265／340≒86$\cdots ⑨$	110×75／340≒24
B工場	110×265／340≒86	110×75／340≒24$\cdots ⑩$
C工場	120×265／340≒94	120×75／340≒26

解答記入欄

問1	①	
	②	
	③	
	④	
	⑤	

問2	①	
	②	
	③	

問3	①	
	②	
	③	
	④	
	⑤	

問4	①	
	②	
	③	
	④	

問5	①	
	②	
	③	
	④	
	⑤	
	⑥	
	⑦	
	⑧	
	⑨	
	⑩	
	⑪	
	⑫	
	⑬	
	⑭	

問6	①	
	②	
	③	
	④	

問7	①	
	②	
	③	

問8	①	
	②	
	③	
	④	
	⑤	
	⑥	
	⑦	
	⑧	
	⑨	
	⑩	

問9	①	
	②	

問10	①	
	②	
	③	
	④	
	⑤	
	⑥	
	⑦	
	⑧	
	⑨	
	⑩	
	⑪	
	⑫	
	⑬	

問11	①	
	②	
	③	
	④	
	⑤	
	⑥	

問12	①	
	②	
	③	
	④	

問13	①	
	②	
	③	

問14	①	
	②	
	③	
	④	

問15	①	
	②	
	③	
	④	
	⑤	
	⑥	
	⑦	
	⑧	
	⑨	
	⑩	

●実践分野は、問10・11・13・14の全問と、問12の②〜④に当たります。

●手法分野は、問1〜9の全問と問12の①、問15の全問に当たります。

手法分野：問／61問＝正解率　　％
実践分野：問／29問＝正解率　　％
合　計：問／90問＝正解率　　％

●最近の2級合格率を見ると3割を切る水準にあります。合格基準は各分野正解率概ね50％以上、合わせて概ね70％と発表されています。完璧を目ざすと途中で挫折するおそれがあるので、「70％＋α」を目標に勉強しましょう。

巻末
付表

付表1. 正規分布表

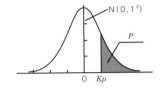

(I) K_P から P を求める表

K_P	0.00	0.01	0.02	0.03	0.04	0.05	0.06
0.0	.50000	.49601	.49202	.48803	.48405	.48006	.47608
0.1	.46017	.45620	.45224	.44828	.44433	.44038	.43644
0.2	.42074	.41683	.41294	.40905	.40517	.40129	.39743
0.3	.38209	.37828	.37448	.37070	.36693	.36317	.35942
0.4	.34458	.34090	.33724	.33360	.32997	.32636	.32276
0.5	.30854	.30503	.30153	.29806	.29460	.29116	.28774
0.6	.27425	.27093	.26763	.26435	.26109	.25785	.25463
0.7	.24296	.23885	.23576	.23270	.22965	.22663	.22363
0.8	.21186	.20997	.20611	.20327	.20045	.19776	.19489
0.9	.18406	.18141	.17879	.17619	.17361	.17106	.16853
1.0	.15866	.15625	.15386	.15151	.14917	.14686	.14457
1.1	.13567	.13350	.13136	.12924	.12714	.12507	.12302
1.2	.11507	.11314	.11123	.10935	.10749	.10565	.10383
1.3	.096800	.095098	.093418	.091759	.090123	.088508	.086915
1.4	.080757	.079270	.077804	.076359	.074934	.073529	.072145
1.5	.066807	.065522	.064255	.063008	.061780	.060571	.059380
1.6	.054799	.053699	.052616	.051551	.050503	.049471	.048457
1.7	.044565	.043633	.042716	.041815	.040930	.040059	.039204
1.8	.035930	.035148	.034380	.033625	.032884	.032157	.031443
1.9	.028717	.028067	.027429	.026803	.026190	.025588	.024998
2.0	.022750	.022216	.021692	.021178	.020675	.020182	.079699
2.1	.017864	.017429	.017003	.016586	.016177	.015778	.015386
2.2	.013903	.013553	.013209	.012874	.012545	.012224	.011911
2.3	.010724	.010444	.010170	.0099031	.0096419	.0093867	.0091375
2.4	.0081975	.0079763	.0077603	.0075494	.0073436	.0071428	.0069469
2.5	.0062097	.0060366	.0058677	.0057031	.0055426	.0053861	.0052336
2.6	.0046621	.0045271	.0043956	.0042692	.0041453	.0040246	.0039070
2.7	.0034670	.0033642	.0032641	.0031667	.0030720	.0029798	.0028901
2.8	.0025551	.0024771	.0020412	.0023274	.0022557	.0021860	.0021182
2.9	.0018658	.0018071	.0017502	.0016948	.0016411	.0015889	.0015382
3.0	.0013499	.0013062	.0012639	.0012228	.0011829	.0011442	.0011067

(II) P から K_P を求める表

P	0.001	0.005	0.010	0.025	0.050	0.100	0.200	0.300	0.400
K_P	3.090	2.576	2.326	1.960	1.645	1.282	0.842	0.524	0.253

付表2. t表

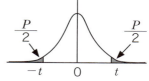

0.07	0.08	0.09
.47210	.46812	.46414
.43251	.42858	.42465
.39358	.38974	.38591
.35569	.35297	.34827
.31918	.31561	.31207
.28434	.28196	.27760
.25143	.24825	.24510
.22065	.21770	.21476
.19215	.18943	.18673
.16602	.16354	.16109
.14231	.14007	.13786
.12100	.11900	.11702
.10204	.10027	.098525
.085343	.083793	.082264
.070781	.069437	.068112
.058208	.057053	.055917
.047460	.046479	.045514
.038364	.037538	.036727
.030742	.030054	.029379
.024419	.023852	.023295
.019226	.018763	.018309
.015003	.014629	.014262
.011604	.011304	.011011
.0088940	.0086563	.0084242
.0067557	.0065691	.0063872
.0050849	.0049400	.0047988
.0037926	.0036811	.0035726
.0028028	.0027179	.0026354
.0020524	.0019884	.0019262
.0014890	.0014412	.0013949
.0010703	.0010350	.0010008

P \ ϕ	0.10	0.05	0.02	0.01
1	6.314	12.706	31.821	63.657
2	2.920	4.303	60965	9.925
3	2.353	3.182	4.541	5.841
4	2.132	2.776	3.747	4.604
5	2.015	2.571	3.365	4.032
6	1.943	2.447	3.143	3.707
7	1.895	2.365	2.998	3.499
8	1.860	2.306	2.896	3.355
9	1.833	2.262	2.821	3.250
10	1.812	2.228	2.764	3.169
11	1.796	2.201	2.718	3.106
12	1.782	2.179	2.681	3.055
13	1.771	2.160	2.650	3.012
14	1.761	2.145	2.624	2.977
15	1.753	2.131	2.602	2.947
16	1.746	2.120	2.583	2.921
17	1.740	2.110	2.567	2.898
18	1.734	2.101	2.552	2.878
19	1.729	2.093	2.539	2.861
20	1.725	2.086	2.528	2.845
21	1.721	2.080	2.518	2.831
22	1.717	2.074	2.508	2.819
23	1.714	2.069	2.500	2.807
24	1.711	2.064	2.492	2.797
25	1.708	2.060	2.485	2.787
26	1.706	2.056	2.479	2.779
27	1.703	2.052	2.473	2.771
28	1.701	2.048	2.467	2.763
29	1.699	2.045	2.462	2.756
30	1.697	2.042	2.457	2.750
40	1.684	2.021	2.423	2.704
60	1.671	2.000	2.390	2.660
120	1.658	1.980	2.358	2.617
∞	1.645	1.960	2.326	2.576

付表3. X²（カイの2乗）表

P / ϕ	0.995	0.990	0.985	0.975	0.970	0.950
1	0.00003927	0.0001571	0.0003535	0.0009821	0.001414	0.003932
2	0.010025	0.020101	0.030227	0.050636	0.060918	0.102587
3	0.071722	0.114832	0.151574	0.215795	0.245795	0.351846
4	0.206989	0.297109	0.368157	0.484419	0.535054	0.710723
5	0.411742	0.554298	0.661785	0.831212	0.903056	1.14548
6	0.675727	0.872090	1.01596	1.23734	1.32961	1.63538
7	0.989256	1.23904	1.41843	1.68987	1.80163	2.16735
8	1.34441	1.64650	1.86027	2.17973	2.31007	2.73264
9	1.73493	2.08790	2.33486	2.70039	2.84849	3.325116
10	2.15586	2.55821	2.83719	3.24697	3.41207	3.94030
11	2.60322	3.05348	3.36338	3.81575	3.99716	4.57481
12	3.07382	3.57057	3.91037	4.40379	4.60090	5.22603
13	3.56503	4.10692	4.47566	5.00875	5.22101	5.89186
14	4.07467	4.66043	5.05724	5.62873	5.85563	6.57063
15	4.60092	5.22935	5.65342	6.26214	6.50322	7.26094
16	5.14221	5.81221	6.26280	6.90766	7.16251	7.96165
17	5.69722	6.40776	6.88415	7.56419	7.83241	8.67176
18	6.26480	7.01491	7.51646	8.23075	8.51199	9.39046
19	6.84397	7.63273	8.15884	8.90652	9.20044	10.1170
20	7.43384	8.26040	8.81050	9.59078	9.89708	10.8508
21	8.03365	8.89720	9.47076	10.2829	10.6013	11.5913
22	8.64272	9.54249	10.1390	10.9823	11.3125	12.3380
23	9.26042	10.1957	10.8147	11.6886	12.0303	13.0905
24	9.88623	10.8564	11.4974	12.4012	12.7543	13.8484
25	10.5197	11.5240	12.1867	13.1197	13.4840	14.6114
26	11.1602	12.1981	12.8821	13.8439	14.2190	15.3792
27	11.8076	12.8785	13.5833	14.5734	14.9592	16.1514
28	12.4613	13.5647	14.2900	15.3079	15.7042	16.9279
29	13.1211	14.2565	15.0019	16.0471	16.4538	17.7084
30	13.7867	14.9535	15.7188	16.7908	17.2076	18.4927
35	17.1918	18.5089	19.3691	20.5694	21.0348	22.4650
40	20.7065	22.1643	23.1130	24.4330	24.9437	26.5093
45	24.3110	25.9013	26.9335	28.3662	28.9194	30.6123
50	27.9907	29.7067	30.8180	32.3574	32.9509	34.7643
60	35.5345	37.4849	38.7435	40.4817	41.1504	43.1880
70	43.2752	45.4417	46.8362	48.7576	49.4953	51.7393
80	51.1719	53.5401	55.0612	57.1532	57.9553	60.3915
90	59.1963	61.7541	63.3942	65.6466	66.5093	69.1260
100	67.3276	70.0649	71.8177	74.2219	75.1419	77.9295
120	83.8516	86.9233	88.8859	91.5726	92.5991	95.7046
150	109.142	112.668	114.915	117.985	119.155	122.692
200	152.241	156.432	159.096	162.728	164.111	168.279
250	196.161	200.939	203.971	208.098	209.667	214.392

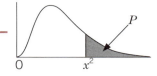

0.050	0.030	0.025	0.015	0.010	0.000
3.84146	4.70929	5.02389	5.91647	6.63490	7.8794
5.99146	7.01312	7.37776	8.39941	9.21034	10.596
7.81473	8.94729	9.34840	10.4650	11.3449	12.838
9.48773	10.7119	11.1433	12.3391	13.2767	14.860
11.0705	12.3746	12.8325	14.0978	15.0863	16.749
12.5916	13.9676	14.4494	15.7774	16.8119	18.547
14.0671	15.5091	16.0128	17.3984	18.4753	20.277
15.5073	17.0105	17.5345	18.9739	20.0902	21.955
16.9190	18.4796	19.0228	20.5125	21.6660	23.589
18.3070	19.9219	20.4832	22.0206	23.2093	25.188
19.6751	21.3416	21.9200	23.5028	24.7250	26.756
21.0261	22.7418	23.3367	24.9628	26.2170	28.299
22.3620	24.1249	24.7356	26.4034	27.6882	29.819
23.6848	25.4931	26.1189	27.8268	29.1412	31.319
24.9958	26.8479	27.4884	29.2349	30.5779	32.801
26.2962	28.1907	28.8454	30.6292	31.9999	34.267
27.5871	29.5227	30.1910	32.0112	33.4087	35.718
28.8693	30.8447	31.5264	33.3817	34.8053	37.156
30.1435	32.1577	32.8523	34.7420	36.1909	38.582
31.4104	33.4624	34.1696	36.0926	37.5662	39.996
32.6706	34.7593	35.4789	37.4345	38.9322	41.401
33.9244	36.0492	36.7807	38.7681	40.2894	42.795
35.1725	37.3323	38.0756	40.0941	41.6384	44.181
36.4150	38.6093	39.3641	41.4130	42.9798	45.558
37.6525	39.8804	40.6465	42.7252	44.3141	46.927
38.8851	41.1460	41.9232	44.0311	45.6417	48.289
40.1133	42.4066	43.1945	45.3311	46.9629	49.644
41.3371	43.6622	44.4608	46.6256	48.2782	50.993
42.5570	44.9132	45.7223	47.9147	49.5879	52.335
43.7730	46.1599	46.9792	49.1989	50.8922	53.672
49.8018	52.3351	53.2033	55.5526	57.3421	60.274
55.7585	58.4278	59.3417	61.8117	63.6907	66.766
61.6562	64.4535	65.4102	67.9937	69.9568	73.166
67.5048	70.4230	71.4202	74.1111	76.7539	79.490
79.0819	82.2251	83.2977	86.1883	88.3794	91.951
90.5312	93.8813	95.0232	98.0976	100.425	104.21
101.879	105.422	106.629	109.874	112.329	116.32
113.145	116.869	118.136	121.542	124.116	128.29
124.342	128.237	129.561	133.120	135.807	140.16
146.567	150.780	152.211	156.053	158.950	163.64
179.581	184.225	185.800	190.025	193.208	198.36
233.994	239.270	241.058	245.845	249.445	255.26
287.882	293.270	295.689	300.971	304.940	311.34

付表4．F表 ❶

φ₂＼φ₁	1	2	3	4	5	6	7	8	9	10
1	161. 4052.	200. 5000.	216. 5403.	225. 5625.	230. 5764.	234. 5859.	237. 5928.	239. 5981.	241. 6022.	242. 6056.
2	18.5 98.5	19.0 99.0	19.2 99.2	19.3 99.2	19.3 99.3	19.4 99.3	19.4 99.4	19.4 99.4	19.4 99.4	19.4 99.4
3	10.1 34.1	9.55 30.8	9.28 29.5	9.12 28.7	9.01 28.2	8.94 27.9	8.89 27.7	8.85 27.5	8.81 27.3	8.79 27.2
4	7.71 21.2	6.94 18.0	6.59 16.7	6.39 16.0	6.26 15.5	6.16 15.2	6.09 15.0	6.04 14.8	6.00 14.7	5.96 14.5
5	6.61 16.3	5.79 13.3	5.41 12.1	5.19 11.4	5.05 11.0	4.95 10.7	4.88 10.5	4.82 10.3	4.77 10.2	4.74 10.1
6	5.99 13.7	5.14 10.9	4.76 9.78	4.53 9.15	4.39 8.75	4.28 8.47	4.21 8.26	4.15 8.10	4.10 7.98	4.06 7.87
7	5.59 12.2	4.74 9.55	4.35 8.45	4.12 7.85	3.97 7.46	3.87 7.19	3.79 6.99	3.73 6.84	3.68 6.72	3.64 6.62
8	5.32 11.3	4.46 8.65	4.07 7.59	3.84 7.01	3.69 6.63	3.58 6.37	3.50 6.18	3.44 6.03	3.39 5.91	3.35 5.81
9	5.12 10.6	4.26 8.02	3.86 6.99	3.63 6.42	3.48 6.06	3.37 5.80	3.29 5.61	3.23 5.47	3.18 5.35	3.14 5.26
10	4.96 10.0	4.10 7.56	3.71 6.55	3.48 5.99	3.33 5.64	3.22 5.39	3.14 5.20	3.07 5.06	3.02 4.94	2.98 4.85
11	4.84 9.65	3.98 7.21	3.59 6.22	3.36 5.67	3.20 5.32	3.09 5.07	3.01 4.89	2.95 4.74	2.90 4.63	2.85 4.54
12	4.75 9.33	3.89 6.93	3.49 5.95	3.26 5.41	3.11 5.06	3.00 4.82	2.91 4.64	2.85 4.50	2.80 4.39	2.75 4.30
13	4.67 9.07	3.81 6.70	3.41 5.74	3.18 5.21	3.03 4.86	2.92 4.62	2.83 4.44	2.77 4.30	2.71 4.19	2.67 4.10
14	4.60 8.86	3.74 6.51	3.34 5.56	3.11 5.04	2.96 4.69	2.85 4.46	2.76 4.28	2.70 4.14	2.65 4.03	2.60 3.94
15	4.54 8.68	3.68 6.36	3.29 5.42	3.06 4.89	2.90 4.56	2.79 4.32	2.71 4.14	2.64 4.00	2.59 3.89	2.54 3.80
16	4.49 8.53	3.63 6.23	3.24 5.29	3.01 4.77	2.85 4.44	2.74 4.20	2.66 4.03	2.59 3.89	2.54 3.78	2.49 3.69
17	4.45 8.40	3.59 6.11	3.20 5.18	2.96 4.67	2.81 4.34	2.70 4.10	2.61 3.93	2.55 3.79	2.49 3.68	2.45 3.59
18	4.41 8.29	3.55 6.01	3.16 5.09	2.93 4.58	2.77 4.25	2.66 4.01	2.58 3.84	2.51 3.71	2.46 3.60	2.41 3.51
19	4.38 8.18	3.52 5.93	3.13 5.01	2.90 4.50	2.74 4.17	2.63 3.94	2.54 3.77	2.48 3.63	2.42 3.52	2.38 3.43
20	4.35 8.10	3.49 5.85	3.10 4.94	2.87 4.43	2.71 4.10	2.60 3.87	2.51 3.70	2.45 3.56	2.39 3.46	2.35 3.37
21	4.32 8.02	3.47 5.78	3.07 4.87	2.84 4.37	2.68 4.04	2.57 3.81	2.49 3.64	2.42 3.51	2.37 3.40	2.32 3.31
22	4.30 7.95	3.44 5.72	3.05 4.82	2.82 4.31	2.66 3.99	2.55 3.76	2.46 3.59	2.40 3.45	2.34 3.35	2.30 3.26
23	4.28 7.88	3.42 5.66	3.03 4.76	2.80 4.26	2.64 3.94	2.53 3.71	2.44 3.54	2.37 3.41	2.32 3.30	2.27 3.21
24	4.26 7.82	3.40 5.61	3.01 4.72	2.78 4.22	2.62 3.90	2.51 3.67	2.42 3.50	2.36 3.36	2.30 3.26	2.25 3.17
25	4.24 7.77	3.39 5.57	2.99 4.68	2.76 4.18	2.60 3.86	2.49 3.63	2.40 3.46	2.34 3.32	2.28 3.22	2.24 3.13
26	4.23 7.72	3.37 5.53	2.98 4.64	2.74 4.14	2.59 3.82	2.47 3.59	2.39 3.42	2.32 3.29	2.27 3.18	2.22 3.09
27	4.21 7.68	3.35 5.49	2.96 4.60	2.73 4.11	2.57 3.78	2.46 3.56	2.37 3.39	2.31 3.26	2.25 3.15	2.20 3.06
28	4.20 7.64	3.34 5.45	2.95 4.57	2.71 4.07	2.56 3.75	2.45 3.53	2.36 3.36	2.29 3.23	2.24 3.12	2.19 3.03
29	4.18 7.60	3.33 5.42	2.93 4.54	2.70 4.04	2.55 3.73	2.43 3.50	2.35 3.33	2.28 3.20	2.22 3.09	2.18 3.00
30	4.17 7.56	3.32 5.39	2.92 4.51	2.69 4.02	2.53 3.70	2.42 3.47	2.33 3.30	2.27 3.17	2.21 3.07	2.16 2.98
40	4.08 7.31	3.23 5.18	2.84 4.31	2.61 3.83	2.45 3.51	2.34 3.29	2.25 3.12	2.18 2.99	2.21 2.89	2.08 2.80
60	4.00 7.08	3.15 4.98	2.76 4.13	2.53 3.65	2.37 3.34	2.25 3.12	2.17 2.95	2.10 2.82	2.04 2.72	1.99 2.63
120	3.92 6.85	3.07 4.79	2.68 3.95	2.45 3.48	2.29 3.17	2.18 2.96	2.09 2.79	2.02 2.66	1.96 2.56	1.91 2.47
∞	3.84 6.63	3.00 4.61	2.60 3.78	2.37 3.32	2.21 3.02	2.10 2.80	2.01 2.64	1.94 2.51	1.88 2.41	1.83 2.32

294

$F(\phi_1, \phi_2; \alpha)$ $\alpha=0.05$(細字) $\alpha=0.01$(太字)
$\phi_1=$分子の自由度 $\phi_2=$分母の自由度

12	15	20	24	30	40	60	120	∞
244.	246.	248.	249.	250.	251.	252.	253.	254.
6106.	**6157.**	**6209.**	**6235.**	**6261.**	**6287.**	**6313.**	**6339.**	**6366.**
19.4	19.4	19.4	19.5	19.5	19.5	19.5	19.5	19.5
99.4	**99.4**	**99.4**	**99.5**	**99.5**	**99.5**	**99.5**	**99.5**	**99.5**
8.74	8.70	8.66	8.64	8.62	8.59	8.57	8.55	8.53
27.1	**26.9**	**26.7**	**26.6**	**26.5**	**26.4**	**26.3**	**26.2**	**26.1**
5.91	5.86	5.80	5.77	5.75	5.72	5.69	5.66	5.63
14.4	**14.2**	**14.0**	**13.9**	**13.8**	**13.7**	**13.7**	**13.6**	**13.5**
4.68	4.62	4.56	4.53	4.50	4.46	4.43	4.40	4.36
9.89	**9.72**	**9.55**	**9.47**	**9.38**	**9.29**	**9.20**	**9.11**	**9.02**
4.00	3.94	3.87	3.84	3.81	3.77	3.74	3.70	3.67
7.72	**7.56**	**7.40**	**7.31**	**7.23**	**7.14**	**7.06**	**6.97**	**6.88**
3.57	3.51	3.44	3.41	3.38	3.34	3.30	3.27	3.23
6.47	**6.31**	**6.16**	**6.07**	**5.99**	**5.91**	**5.82**	**5.74**	**5.65**
3.28	3.22	3.15	3.12	3.08	3.04	3.01	2.97	2.93
5.67	**5.52**	**5.36**	**5.28**	**5.20**	**5.12**	**5.03**	**4.95**	**4.86**
3.07	3.01	2.94	2.90	2.86	2.83	2.79	2.75	2.71
5.11	**4.96**	**4.81**	**4.73**	**4.65**	**4.57**	**4.48**	**4.40**	**4.31**
2.91	2.85	2.77	2.74	2.70	2.66	2.62	2.58	2.54
4.71	**4.56**	**4.41**	**4.33**	**4.25**	**4.17**	**4.08**	**4.00**	**3.91**
2.79	2.72	2.65	2.61	2.57	2.53	2.49	2.45	2.40
4.40	**4.25**	**4.10**	**4.02**	**3.94**	**3.86**	**3.78**	**3.69**	**3.60**
2.69	2.62	2.54	2.51	2.47	2.43	2.38	2.34	2.30
4.16	**4.01**	**3.86**	**3.78**	**3.70**	**3.62**	**3.54**	**3.45**	**3.36**
2.60	2.53	2.46	2.42	2.38	2.34	2.30	2.25	2.21
3.96	**3.82**	**3.66**	**3.59**	**3.51**	**3.43**	**3.34**	**3.25**	**3.17**
2.53	2.46	2.39	2.35	2.31	2.27	2.22	2.18	2.13
3.80	**3.66**	**3.51**	**3.43**	**3.35**	**3.27**	**3.18**	**3.09**	**3.00**
2.48	2.40	2.33	2.29	2.25	2.20	2.16	2.11	2.07
3.67	**3.52**	**3.37**	**3.29**	**3.21**	**3.13**	**3.05**	**2.96**	**2.87**
2.42	2.35	2.28	2.24	2.19	2.15	2.11	2.06	2.01
3.55	**3.41**	**3.26**	**3.18**	**3.10**	**3.02**	**2.93**	**2.84**	**2.75**
2.38	2.31	2.23	2.19	2.15	2.10	2.06	2.01	1.96
3.46	**3.31**	**3.16**	**3.08**	**3.00**	**2.92**	**2.83**	**2.75**	**2.65**
2.34	2.27	2.19	2.15	2.11	2.06	2.02	1.97	1.92
3.37	**3.23**	**3.08**	**3.00**	**2.92**	**2.84**	**2.75**	**2.66**	**2.57**
2.31	2.23	2.16	2.11	2.07	2.03	1.98	1.93	1.88
3.30	**3.15**	**3.00**	**2.92**	**2.84**	**2.76**	**2.67**	**2.58**	**2.49**
2.28	2.20	2.12	2.08	2.04	1.99	1.95	1.90	1.84
3.23	**3.09**	**2.94**	**2.86**	**2.78**	**2.69**	**2.61**	**2.52**	**2.42**
2.25	2.18	2.10	2.05	2.01	1.96	1.92	1.87	1.81
3.17	**3.03**	**2.88**	**2.80**	**2.72**	**2.64**	**2.55**	**2.46**	**2.36**
2.23	2.15	2.07	2.03	1.98	1.94	1.89	1.84	1.78
3.12	**2.98**	**2.83**	**2.75**	**2.67**	**2.58**	**2.50**	**2.40**	**2.31**
2.20	2.13	2.05	2.01	1.96	1.91	1.86	1.81	1.76
3.07	**2.93**	**2.78**	**2.70**	**2.62**	**2.54**	**2.45**	**2.35**	**2.26**
2.18	2.11	2.03	1.98	1.94	1.89	1.84	1.79	1.73
3.03	**2.89**	**2.74**	**2.66**	**2.58**	**2.49**	**2.40**	**2.31**	**2.21**
2.16	2.09	2.01	1.96	1.92	1.87	1.82	1.77	1.71
2.99	**2.85**	**2.70**	**2.62**	**2.54**	**2.45**	**2.36**	**2.27**	**2.17**
2.15	2.07	1.99	1.95	1.90	1.85	1.80	1.75	1.69
2.96	**2.81**	**2.66**	**2.58**	**2.50**	**2.42**	**2.33**	**2.23**	**2.13**
2.13	2.06	1.97	1.93	1.88	1.84	1.79	1.73	1.67
2.93	**2.78**	**2.63**	**2.55**	**2.47**	**2.38**	**2.29**	**2.20**	**2.06**
2.12	2.04	1.96	1.91	1.87	1.82	1.77	1.71	1.65
2.90	**2.75**	**2.60**	**2.52**	**2.44**	**2.35**	**2.26**	**2.17**	**2.06**
2.10	2.03	1.94	1.90	1.85	1.81	1.75	1.70	1.64
2.87	**2.73**	**2.57**	**2.49**	**2.41**	**2.33**	**2.23**	**2.14**	**2.03**
2.09	2.01	1.93	1.89	1.84	1.79	1.74	1.68	1.62
2.84	**2.70**	**2.55**	**2.47**	**2.39**	**2.30**	**2.21**	**2.11**	**2.01**
2.00	1.92	1.84	1.79	1.74	1.69	1.64	1.58	1.51
2.66	**2.52**	**2.37**	**2.29**	**2.20**	**2.11**	**2.02**	**1.92**	**1.80**
1.92	1.84	1.75	1.70	1.65	1.59	1.53	1.47	1.39
2.50	**2.35**	**2.20**	**2.12**	**2.03**	**1.94**	**1.84**	**1.73**	**1.60**
1.83	1.75	1.66	1.61	1.55	1.50	1.43	1.35	1.25
2.34	**2.19**	**2.03**	**1.95**	**1.86**	**1.76**	**1.66**	**1.53**	**1.38**
1.75	1.67	1.57	1.52	1.46	1.39	1.32	1.22	1.00
2.18	**2.04**	**1.88**	**1.79**	**1.70**	**1.59**	**1.47**	**1.32**	**1.00**

付表5. F表 ②

ϕ_2 \ ϕ_1	1	2	3	4	5	6	7	8	9	10
1	647.8	799.5	864.2	899.6	921.8	937.1	948.2	956.7	963.3	968.6
2	38.51	39.00	39.17	39.25	39.30	39.33	39.36	39.37	39.39	39.40
3	17.44	16.04	15.44	15.10	14.88	14.73	14.62	14.54	14.47	14.42
4	12.22	10.65	9.98	9.60	9.36	9.20	9.07	8.98	8.90	8.84
5	10.01	8.43	7.76	7.39	7.15	6.98	6.85	6.76	6.68	6.62
6	8.81	7.26	6.60	6.23	5.99	5.82	5.70	5.60	5.52	5.46
7	8.07	6.54	5.89	5.52	5.29	5.12	4.99	4.90	4.82	4.76
8	7.57	6.06	5.42	5.05	4.82	4.65	4.53	4.43	4.36	4.30
9	7.21	5.71	5.08	4.72	4.48	4.32	4.20	4.10	4.03	3.96
10	6.94	5.46	4.83	4.47	4.24	4.07	3.95	3.85	3.78	3.72
11	6.72	5.26	4.63	4.28	4.04	3.88	3.76	3.66	3.59	3.53
12	6.55	5.10	4.47	4.12	3.89	3.73	3.61	3.51	3.44	3.37
13	6.41	4.97	4.35	4.00	3.77	3.60	3.48	3.39	3.31	3.25
14	6.30	4.86	4.24	3.89	3.66	3.50	3.38	3.29	3.21	3.15
15	6.20	4.77	4.15	3.80	3.58	3.41	3.29	3.20	3.12	3.06
16	6.12	4.69	4.08	3.73	3.50	3.34	3.22	3.12	3.05	2.79
17	6.04	4.62	4.01	3.66	3.44	3.28	3.16	3.06	2.98	2.92
18	5.98	4.56	3.95	3.61	3.38	3.22	3.10	3.01	2.93	2.87
19	5.92	4.51	3.90	3.56	3.33	3.17	3.05	2.96	2.88	2.82
20	5.87	4.46	3.86	3.51	3.29	3.13	3.01	2.91	2.84	2.77
21	5.83	4.42	3.82	3.48	3.25	3.09	2.97	2.87	2.80	2.73
22	5.79	4.38	3.78	3.44	3.22	3.05	2.93	2.84	2.76	2.70
23	5.75	4.35	3.75	3.41	3.18	3.02	2.90	2.81	2.73	2.67
24	5.72	4.32	3.72	3.38	3.15	2.99	2.87	2.78	2.70	2.64
25	5.69	4.29	3.69	3.35	3.13	2.97	2.85	2.75	2.68	2.61
26	5.66	4.27	3.67	3.33	3.10	2.94	2.82	2.73	2.65	2.59
27	5.63	4.24	3.65	3.31	3.08	2.92	2.80	2.71	2.63	2.57
28	5.61	4.22	3.63	3.29	3.06	2.90	2.78	2.69	2.61	2.55
29	5.59	4.20	3.61	3.27	3.04	2.88	2.76	2.67	2.59	2.53
30	5.57	4.18	3.59	3.25	3.03	2.87	2.75	2.65	2.57	2.51
40	5.42	4.05	3.46	3.13	2.90	2.74	2.62	2.53	2.45	2.39
60	5.29	3.93	3.34	3.01	2.79	2.63	2.51	2.41	2.33	2.27
120	5.15	3.80	3.23	2.89	2.67	2.52	2.39	2.30	2.22	2.16
∞	5.02	3.69	3.12	2.79	2.57	2.41	2.29	2.19	2.11	2.05

F$(\phi_1, \phi_2 ; \alpha)$ $\alpha = 0.025$
$\phi_1 =$ 分子の自由度 $\phi_2 =$ 分母の自由度

11	12	15	20	30	∞
973.0	976.7	984.9	993.1	1001	1018
39.41	39.41	39.43	39.45	39.46	39.50
14.37	14.34	14.25	14.17	14.08	13.90
8.79	8.75	8.66	8.56	8.46	8.26
6.57	6.52	6.43	6.33	6.23	6.02
5.41	5.37	5.27	5.17	5.07	4.85
4.71	4.67	4.57	4.47	4.36	4.14
4.24	4.20	4.10	4.00	3.89	3.67
3.91	3.87	3.77	3.67	3.56	3.33
3.66	3.62	3.52	3.42	3.31	3.08
3.47	3.43	3.33	3.23	3.12	2.88
3.32	3.28	3.18	3.07	2.96	2.72
3.20	3.15	3.05	2.95	2.84	2.60
3.09	3.05	2.95	2.84	2.73	2.49
3.01	2.96	2.86	2.76	2.64	2.40
2.68	2.57	2.32	2.99	2.93	2.89
2.87	2.82	2.72	2.62	2.50	2.25
2.81	2.77	2.67	2.56	2.44	2.19
2.76	2.72	2.62	2.51	2.39	2.13
2.72	2.68	2.57	2.46	2.35	2.09
2.68	2.64	2.53	2.42	2.31	2.04
2.65	2.60	2.50	2.39	2.27	2.00
2.62	2.57	2.47	2.36	2.24	1.97
2.59	2.54	2.44	2.33	2.21	1.94
2.56	2.51	2.41	2.30	2.18	1.91
2.54	2.49	2.39	2.28	2.16	1.88
2.51	2.47	2.36	2.25	2.13	1.85
2.49	2.45	2.34	2.23	2.11	1.83
2.48	2.43	2.32	2.21	2.09	1.81
2.46	2.41	2.31	2.20	2.07	1.79
2.33	2.29	2.18	2.07	1.94	1.64
2.22	2.17	2.06	1.94	1.82	1.48
2.10	2.05	1.94	1.82	1.69	1.31
1.99	1.94	1.83	1.71	1.57	1.00

付表6. 計数規準型1回抜き取り検査表

$P_0(\%)$ ＼ $P_1(\%)$	0.71 ～ 0.90	0.91 ～ 1.12	1.13 ～ 1.40	1.41 ～ 1.80	1.81 ～ 2.24	2.25 ～ 2.80	2.81 ～ 3.55	3.56 ～ 4.50
0.090～0.112	*	400 1	↓	←	↓	→	60 0	50 0
0.113～0.140	*	↓	300 1	↓	←	↓	→	↑
0.141～0.180	*	500 2	↓	250 1	↓	←	↓	→
0.181～0.224	*	*	400 2	↓	200 1	↓	←	↓
0.225～0.280	*	*	500 3	300 2	↓	150 1	↓	←
0.281～0.355	*	*	*	400 3	250 2	↓	120 1	↓
0.356～0.450	*	*	*	500 4	300 3	200 2	↓	100 1
0.451～0.560	*	*	*	*	400 4	250 3	150 2	↓
0.561～0.710	*	*	*	*	500 6	300 4	200 3	120 2
0.711～0.900	*	*	*	*	*	400 6	250 4	150 3
0.901～1.12		*	*	*	*	*	300 6	200 4
1.13 ～1.40			*	*	*	*	500 10	250 6
1.41 ～1.80				*	*	*	*	400 10
1.81 ～2.24					*	*	*	*
2.25 ～2.80						*	*	*
2.81 ～3.55							*	*
3.56 ～4.50								*
4.51 ～5.60								
5.61 ～7.10								
7.11 ～9.00								
9.01 ～11.2								

細字はn　**太字はc**　$\alpha \fallingdotseq 0.05$　$\beta \fallingdotseq 0.10$

巻末
付表6

4.51〜5.60	5.61〜7.10	7.11〜9.00	9.01〜11.2	11.3〜14.0	14.1〜18.0	18.1〜22.4	22.5〜28.0	28.1〜35.5
←	↓	↓	←	↓	↓	↓	↓	↓
40 **0**	←	↓	↓	←	↓	↓	↓	↓
↑	30 **0**	←	↓	↓	←	↓	↓	↓
→	↑	25 **0**	←	↓	↓	←	↓	↓
↓	→	↑	20 **0**	←	↓	↓	←	↓
←	↓	→	↑	15 **0**	←	↓	↓	←
↓	←	↓	→	↑	15 **0**	←	↓	↓
80 **1**	↓	←	↓	→	↑	10 **0**	←	↓
↓	60 **1**	↓	←	↓	→	↑	7 **0**	←
100 **2**	↓	50 **1**	↓	←	↓	→	↑	5 **0**
120 **3**	80 **2**	↓	40 **1**	↓	←	↓	↑	↑
150 **4**	100 **3**	60 **2**	↓	30 **1**	↓	←	↓	↑
200 **6**	120 **4**	80 **3**	50 **2**	↓	25 **1**	↓	←	↓
300 **10**	150 **6**	100 **4**	60 **3**	40 **2**	↓	20 **1**	↓	←
*	250 **10**	120 **6**	70 **4**	50 **3**	30 **2**	↓	15 **1**	↓
*	*	200 **10**	100 **6**	60 **4**	40 **3**	25 **2**	↓	10 **1**
*	*	*	150 **10**	80 **6**	50 **4**	30 **3**	20 **2**	↓
*	*	*	*	120 **10**	60 **6**	40 **4**	25 **3**	15 **2**
	*	*	*	*	100 **10**	50 **6**	30 **4**	20 **3**
		*	*	*	*	70 **10**	40 **6**	25 **4**
			*	*	*	*	60 **10**	30 **6**

"*"の場合は、次ページの抜き取り検査設計補助表を用いて計算する。

付表7. 抜き取り検査設計補助表

p_1/p_0	c	n
17以上	0	$2.56/p_0 + 115/p_1$
16〜7.9	1	$17.8/p_0 + 194/p_1$
7.8〜5.6	2	$40.9/p_0 + 266/p_1$
5.5〜4.4	3	$68.3/p_0 + 334/p_1$
4.3〜3.6	4	$98.5/p_0 + 400/p_1$
3.5〜2.8	6	$164/p_0 + 527/p_1$
2.7〜2.3	10	$308/p_0 + 770/p_1$
2.2〜2.0	15	$502/p_0 + 1065/p_1$
1.99〜1.86	20	$704/p_0 + 1350/p_1$

付表8. サンプル（サイズ）文字

ロットサイズ	特別検査水準				通常検査水準		
	S-1	S-2	S-3	S-4	I	II	III
2〜8	A	A	A	A	A	A	B
9〜15	A	A	A	A	A	B	C
16〜25	A	A	B	B	B	C	D
26〜50	A	B	B	C	C	D	E
51〜90	B	B	C	C	C	E	F
91〜150	B	B	C	D	D	F	G
151〜280	B	C	D	E	E	G	H
281〜500	B	C	D	E	F	H	J
501〜1200	C	C	E	F	G	J	K
1201〜3200	C	D	E	G	H	K	L
3201〜10000	C	D	F	G	J	L	M
10001〜35000	C	D	F	H	K	M	N
35001〜150000	D	E	G	I	L	N	P
150001〜500000	D	E	G	J	M	P	Q
500001以上	D	E	H	K	N	Q	R

付表９．なみ検査の１回抜き取り検査（主抜き取り表）

合格品質限界（ＡＱＬ）、単位：パーセン

サンプル文字	サンプルサイズ	0.01		0.015		0.025		0.04		0.65		0.1		0.15		0.25		0.4		0.65		1.0		1.5	
		Ac	Re	Ac	Re	Ac	Re	Ac	Re	Ac	Re	Ac	Re	Ac	Re	Ac	Re	Ac	Re	Ac	Re	Ac	Re	Ac	Re
A	2	↓		↓		↓		↓		↓		↓		↓		↓		↓		↓		↓		↓	
B	3	↓		↓		↓		↓		↓		↓		↓		↓		↓		↓		↓		↓	
C	5	↓		↓		↓		↓		↓		↓		↓		↓		↓		↓		↓		↓	
D	8	↓		↓		↓		↓		↓		↓		↓		↓		↓		↓		↓		0	1
E	13	↓		↓		↓		↓		↓		↓		↓		↓		↓		↓		0	1	↑	
F	20	↓		↓		↓		↓		↓		↓		↓		↓		↓		0	1	↑		↓	
G	32	↓		↓		↓		↓		↓		↓		↓		↓		0	1	↑		↓		1	2
H	50	↓		↓		↓		↓		↓		↓		↓		0	1	↑		↓		1	2	2	3
J	80	↓		↓		↓		↓		↓		↓		0	1	↑		↓		1	2	2	3	3	4
K	125	↓		↓		↓		↓		↓		0	1	↑		↓		1	2	2	3	3	4	5	6
L	200	↓		↓		↓		↓		0	1	↑		↓		1	2	2	3	3	4	5	6	7	8
M	315	↓		↓		↓		0	1	↑		↓		1	2	2	3	3	4	5	6	7	8	10	11
N	500	↓		↓		0	1	↑		↓		1	2	2	3	3	4	5	6	7	8	10	11	14	15
P	800	↓		0	1	↑		↓		1	2	2	3	3	4	5	6	7	8	10	11	14	15	21	22
Q	1250	0	1	↑		↓		1	2	2	3	3	4	5	6	7	8	10	11	14	15	21	22	↑	
R	2000	↑		↓		1	2	2	3	3	4	5	6	7	8	10	11	14	15	21	22	↑		↑	

ト不適合品率、100単位当たりの不適合数（なみ検査）

2.5	4.0	6.5	10	15	25	40	65	100	150	250	400	650	1000
Ac Re	Ac Re	Ac Re	Ac Re	Ac Re	Ac Re	Ac Re	Ac Re	Ac Re	Ac Re	Ac Re	Ac Re	Ac Re	Ac Re
↓	↓	0 1	↓	↓	1 2	2 3	3 4	5 6	7 8	10 11	14 15	21 22	30 31
↓	0 1	↑	↓	1 2	2 3	3 4	5 6	7 8	10 11	14 15	21 22	30 31	44 45
0 1	↑	↓	1 2	2 3	3 4	5 6	7 8	10 11	14 15	21 22	30 31	44 45	↑
↕	↓	1 2	2 3	3 4	5 6	7 8	10 11	14 15	21 22	30 31	44 45	↑	
↓	1 2	2 3	3 4	5 6	7 8	10 11	14 15	21 22	30 31	44 45	↑		
1 2	2 3	3 4	5 6	7 8	10 11	14 15	21 22	↑	↑	↑			
2 3	3 4	5 6	7 8	10 11	14 15	21 22	↑						
3 4	5 6	7 8	10 11	14 15	21 22	↑							
5 6	7 8	10 11	14 15	21 22	↑								
7 8	10 11	14 15	21 22	↑									
10 11	14 15	21 22	↑										
14 15	21 22	↑											
21 22	↑												
↑													

巻末
付表9

303

付表10. きつい検査の1回抜き取り検査（主抜き取り表）

サンプル文字	サンプルサイズ	合格品質限界（ＡＱＬ）、単位：パーセント											
		0.01	0.015	0.025	0.04	0.65	0.1	0.15	0.25	0.4	0.65	1.0	1.5
		Ac Re	Ac Re	Ac Re	Ac Re	Ac Re	Ac Re	Ac Re	Ac Re	Ac Re	Ac Re	Ac Re	Ac Re
A	2												
B	3												
C	5												
D	8												
E	13												0 1
F	20											0 1	
G	32										0 1		
H	50									0 1			1 2
J	80								0 1			1 2	2 3
K	125							0 1			1 2	2 3	3 4
L	200						0 1			1 2	2 3	3 4	5 6
M	315					0 1			1 2	2 3	3 4	5 6	8 9
N	500				0 1			1 2	2 3	3 4	5 6	8 9	12 13
P	800			0 1			1 2	2 3	3 4	5 6	8 9	12 13	18 19
Q	1250		0 1			1 2	2 3	3 4	5 6	8 9	12 13	18 19	
R	2000	0 1			1 2	2 3	3 4	5 6	8 9	12 13	18 19		
S	3150			1 2									

不適合品率、100単位当たりの不適合数（きつい検査）

2.5	4.0	6.5	10	15	25	40	65	100	150	250	400	650	1000
Ac Re	Ac Re	Ac Re	Ac Re	Ac Re	Ac Re	Ac Re	Ac Re	Ac Re	Ac Re	Ac Re	Ac Re	Ac Re	Ac Re
↓	↓	↓	0 1	↓	↓	1 2	2 3	3 4	5 6	8 9	12 13	18 19	27 28
	↓	0 1	↓	↓	1 2	2 3	3 4	5 6	8 9	12 13	18 19	27 28	41 42
↓	0 1	↓	↓	1 2	2 3	3 4	5 6	8 9	12 13	18 19	27 28	41 42	↑
0 1	↓	↓	1 2	2 3	3 4	5 6	8 9	12 13	18 19	27 28	41 42	↑	
↓	↓	1 2	2 3	3 4	5 6	8 9	12 13	18 19	27 28	41 42	↑		
↓	1 2	2 3	3 4	5 6	8 9	12 13	18 19	↑	↑	↑			
1 2	2 3	3 4	5 6	8 9	12 13	18 19	↑						
2 3	3 4	5 6	8 9	12 13	18 19	↑							
3 4	5 6	8 9	12 13	18 19	↑								
5 6	8 9	12 13	18 19	↑									
8 9	12 13	18 19	↑										
12 13	18 19	↑											
18 19	↑												
↑													

付表11．ゆるい検査の1回抜き取り検査（主抜き取り表）

合格品質限界（ＡＱＬ）、単位：パーセン

サンプル文字	サンプルサイズ	0.01 Ac Re	0.015 Ac Re	0.025 Ac Re	0.04 Ac Re	0.65 Ac Re	0.1 Ac Re	0.15 Ac Re	0.25 Ac Re	0.4 Ac Re	0.65 Ac Re	1.0 Ac Re	1.5 Ac Re
A	2												
B	2												
C	2												
D	3												0 1
E	5											0 1	
F	8										0 1		
G	13									0 1			
H	20								0 1				1 2
J	32							0 1				1 2	2 3
K	50						0 1				1 2	2 3	3 4
L	80					0 1				1 2	2 3	3 4	5 6
M	125				0 1				1 2	2 3	3 4	5 6	7 8
N	200			0 1				1 2	2 3	3 4	5 6	7 8	8 9
P	315		0 1				1 2	2 3	3 4	5 6	7 8	8 9	10 11
Q	500	0 1				1 2	2 3	3 4	5 6	7 8	8 9	10 11	
R	800				1 2	2 3	3 4	5 6	7 8	8 9	10 11		

不適合品率、100単位当たりの不適合数（ゆるい検査）

2.5		4.0		6.5		10		15		25		40		65		100		150		250		400		650		1000	
Ac	Re	Ac	Re	Ac	Re	Ac	Re	Ac	Re	Ac	Re	Ac	Re	Ac	Re	Ac	Re	Ac	Re	Ac	Re	Ac	Re	Ac	Re	Ac	Re
↓		↓		0	1	↓		↓		1	2	2	3	3	4	5	6	7	8	10	11	14	15	21	22	30	31
↓		0	1	↑				↓		1	2	2	3	3	4	5	6	7	8	10	11	14	15	21	22	30	31
0	1	↑		↓		↓		1	2	2	3	3	4	5	6	7	8	8	9	10	11	14	15	21	22	↑	
↑		↓		↓		1	2	2	3	3	4	5	6	7	8	8	9	10	11	14	15	21	22	↑			
		↓		1	2	2	3	3	4	5	6	7	8	8	9	10	11	14	15	21	22	↑					
↓		1	2	2	3	3	4	5	6	7	8	8	9	10	11	↑		↑		↑		↑					
1	2	2	3	3	4	5	6	7	8	8	9	10	11	↑													
2	3	3	4	5	6	7	8	8	9	10	11	↑															
3	4	5	6	7	8	8	9	10	11	↑																	
5	6	7	8	8	9	10	11	↑																			
7	8	8	9	10	11	↑																					
8	9	10	11	↑																							
10	11	↑																									
↑																											

付表12．なみ検査の２回抜き取り検査（主抜き取り表）

合格品質限界（ＡＱＬ）、単位：パー… （各欄は Ac Re）

文字サンプル	サンプル	サイズサンプル	累計サイズサンプル	0.01	0.015	0.025	0.04	0.65	0.1	0.15	0.25	0.4	0.65	1.0
A														
B	第1	2	2											
	第2	2	4											
C	第1	3	3											
	第2	3	6											
D	第1	5	5											↓
	第2	5	10											
E	第1	8	8										↓	*
	第2	8	16											
F	第1	13	13									↓	*	↑
	第2	13	26											
G	第1	20	20								↓	*	↑	↑
	第2	20	40											
H	第1	32	32							↓	*	↑	↑	0 2
	第2	32	64											1 2
J	第1	50	50						↓	*	↑	↑	0 2	0 3
	第2	50	100										1 2	3 4
K	第1	80	80					↓	*	↑	↑	0 2	0 3	1 3
	第2	80	160									1 2	3 4	4 5
L	第1	125	125				↓	*	↑	↑	0 2	0 3	1 3	2 5
	第2	125	250								1 2	3 4	4 5	6 7
M	第1	200	200			↓	*	↑	↑	0 2	0 3	1 3	2 5	3 6
	第2	200	400							1 2	3 4	4 5	6 7	9 10
N	第1	315	315		↓	*	↑	↑	0 2	0 3	1 3	2 5	3 6	5 9
	第2	315	630						1 2	3 4	4 5	6 7	9 10	12 13
P	第1	500	500	↓	*	↑	↑	0 2	0 3	1 3	2 5	3 6	5 9	7 11
	第2	500	1000					1 2	3 4	4 5	6 7	9 10	12 13	18 19
Q	第1	800	800	*	↑	↑	0 2	0 3	1 3	2 5	3 6	5 9	7 11	11 16
	第2	800	1600				1 2	3 4	4 5	6 7	9 10	12 13	18 19	26 27
R	第1	1250	1250	↑	↑	0 2	0 3	1 3	2 5	3 6	5 9	7 11	11 16	↑
	第2	1250	2500			0 2	3 4	4 5	6 7	9 10	12 13	18 19	26 27	

巻末　付表12

セント不適合品率、100単位当たりの不適合数（なみ検査）

1.5		2.5		4.0		6.5		10		15		25		40		65		100		150		250		400		650		1000	
Ac	Re	Ac	Re	Ac	Re	Ac	Re	Ac	Re	Ac	Re	Ac	Re	Ac	Re	Ac	Re	Ac	Re	Ac	Re	Ac	Re	Ac	Re	Ac	Re	Ac	Re
↓		↓		↓		*		↓		↓		*		*		*		*		*		*		*		*		*	
↓		↓		*		↑		↑		0	2	0	3	1	3	2	5	3	6	5	9	7	11	11	16	17	22	25	31
										1	2	3	4	4	5	6	7	9	10	12	13	18	19	26	27	37	38	56	57
↓		*		↑		↑		0	2	0	3	1	3	2	5	3	6	5	9	7	11	11	16	17	22	25	31	↑	
								1	2	3	4	4	5	6	7	9	10	12	13	18	19	26	27	37	38	56	57		
*		↑		↑		0	2	0	3	1	3	2	5	3	6	5	9	7	11	11	16	17	22	25	31	↑		↑	
						1	2	3	4	4	5	6	7	9	10	12	13	18	19	26	27	37	38	56	57				
↑		↑		0	2	0	3	1	3	2	5	3	6	5	9	7	11	11	16	17	22	25	31	↑		↑		↑	
				1	2	3	4	4	5	6	7	9	10	12	13	18	19	26	27	37	38	56	57						
↑		0	2	0	3	1	3	2	5	3	6	5	9	7	11	11	16	17	22	25	31	↑		↑		↑		↑	
		1	2	3	4	4	5	6	7	9	10	12	13	18	19	26	27	37	38	56	57								
0	2	0	3	1	3	2	5	3	6	5	9	7	11	11	16	17	22	25	31	↑		↑		↑		↑		↑	
1	2	3	4	4	5	6	7	9	10	12	13	18	19	26	27	37	38	56	57										
0	3	1	3	2	5	3	6	5	9	7	11	11	16	17	22	25	31	↑		↑		↑		↑		↑		↑	
3	4	4	5	6	7	9	10	12	13	18	19	26	27	37	38	56	57												
1	3	2	5	3	6	5	9	7	11	11	16	17	22	25	31	↑		↑		↑		↑		↑		↑		↑	
4	5	6	7	9	10	12	13	18	19	26	27	37	38	56	57														
2	5	3	6	5	9	7	11	11	16	17	22	25	31	↑		↑		↑		↑		↑		↑		↑		↑	
6	7	9	10	12	13	18	19	26	27	37	38	56	57																
3	6	5	9	7	11	11	16	17	22	25	31	↑		↑		↑		↑		↑		↑		↑		↑		↑	
9	10	12	13	18	19	26	27	37	38	56	57																		
5	9	7	11	11	16	17	22	25	31	↑		↑		↑		↑		↑		↑		↑		↑		↑		↑	
12	13	18	19	26	27	37	38	56	57																				
7	11	11	16	17	22	25	31	↑		↑		↑		↑		↑		↑		↑		↑		↑		↑		↑	
18	19	26	27	37	38	56	57																						
11	16	17	22	25	31	↑		↑		↑		↑		↑		↑		↑		↑		↑		↑		↑		↑	
26	27	37	38	56	57																								
↑																													

"＊"の場合は、対応する１回抜き取り検査方式を使用する（もし使用できれば、代わりに２回抜き取り検査方式を使用してもよい）。

〈引用・参考文献一覧〉

■数値表 引用元

●付表１：正規分布表

森口繁一（1989）『新編　統計的方法　改訂版』（日本規格協会）　P.262

●付表２：ｔ表

森口繁一（1989）『新編　統計的方法　改訂版』（日本規格協会）　P.263

●付表３：カイの２乗表

http://www.biwako.shiga-u.ac.jp/sensei/mnaka/ut/chi2disttab.html

中川雅央（滋賀大学 情報科学・システム工学）

●付表４：Ｆ表①

森口繁一（1989）『新編　統計的方法　改訂版』（日本規格協会）　P.264、265

●付表５：Ｆ表②

青木繁伸（群馬大学 社会情報学部）

●付表６：計数規準型１回抜き取り検査表

JIS Z 9002:1956　計数規準型一回抜取検査（不良個数の場合）（抜取検査その２）　表１

●付表７：抜き取り検査設計補助表

JIS Z 9002:1956　計数規準型一回抜取検査（不良個数の場合）（抜取検査その２）　表２

●付表８：サンプル（サイズ）文字

JIS Z 9015-1:2006　計数値検査に対する抜取検査手順―第１部
　　　　　　　　　：ロットごとの検査に対するＡＱＬ指標型抜取検査方式　付表１

●付表９：なみ検査の１回抜き取り検査（主抜き取り表）

JIS Z 9015-1:2006　計数値検査に対する抜取検査手順―第１部
　　　　　　　　　：ロットごとの検査に対するＡＱＬ指標型抜取検査方式　付表２-Ａ

●付表10：きつい検査の１回抜き取り検査（主抜き取り表）

JIS Z 9015-1:2006　計数値検査に対する抜取検査手順―第１部
　　　　　　　　　：ロットごとの検査に対するＡＱＬ指標型抜取検査方式　付表２-Ｂ

●付表11：ゆるい検査の１回抜き取り検査（主抜き取り表）

JIS Z 9015-1:2006　計数値検査に対する抜取検査手順―第１部
　　　　　　　　　：ロットごとの検査に対するＡＱＬ指標型抜取検査方式　付表２-Ｃ

●付表12：なみ検査の２回抜き取り検査（主抜き取り表）

JIS Z 9015-1:2006　計数値検査に対する抜取検査手順―第１部
　　　　　　　　　：ロットごとの検査に対するＡＱＬ指標型抜取検査方式　付表３-Ａ

●図７．７　管理図の異常判定の基準（JIS Z 9021）

■参考文献

●2章

『品質管理の演習問題と解説　手法編―ＱＣ検定試験２級対応』

（大滝厚・編　日本規格協会）

『品質管理のための実験計画法テキスト』

（中里博昭、川崎浩二郎、平栗昇、大滝厚・著　日科技連出版社）

●3章

『品質管理のための実験計画法テキスト』

（中里博昭、川崎浩二郎、平栗昇、大滝厚・著　日科技連出版社）

●4章

『相関・分析』(富山県経営者協会)

●5章

『品質管理の演習問題と解説　手法編―ＱＣ検定試験２級対応』

（大滝厚編、日本規格協会）

●7章

『工業標準化品質管理推進責任者講習会テキスト』(日本規格協会)

●8章

『信頼性工学入門』(真壁肇・編　日本規格協会)

●10章

『工業標準化品質管理推進責任者講習会テキスト』(日本規格協会)

『品質管理教本』(小野道照、直井知与・編著　日本規格協会)

〈著者略歴〉

高山　均(たかやま　ひとし)

1952年富山県生まれ。1975年、国立富山大学を卒業後、三協アルミニウム工業株式会社(現：三協立山株式会社)に入社。１年目から品質管理の業務に従事し、その後の主な職種として、抜き取り検査、小集団活動、方針管理、ＴＰＭ、製造管理システムの構築、JIS工場品質管理推進責任者、ISO9001管理責任者など、品質管理に関して専門的な業務に従事し、2007年、約6000人規模の会社の中で初の１級合格の快挙達成。

その後、培った知識・経験を生かすべく、セミナー関連では、富山県技術専門学院で「３級試験対策講座」の講師を務め、多くの３級合格者を輩出中。また、個別企業に対して、限られた時間内で効率的に合格に徹する勉強方法「ドライ勉強法」を推奨している。

■ 著　者：高山　均（略歴はP.311参照）

■ 編集協力・DTP：knowm（和田士朗・大澤雄一）
■ 企画・編集：原田洋介・今村恒隆

本書に関する正誤等の最新情報は、下記のアドレスで確認することができます。
http://www.seibidoshuppan.co.jp/support/

上記ＵＲＬに記載されていない箇所で正誤についてお気づきの場合は、書名・発行日・質問事項・ページ数・氏名・郵便番号・住所・ファクシミリ番号を明記の上、**郵送**または**ファクシミリ**で**成美堂出版**までお問い合わせください。
※電話でのお問い合わせはお受けできません。
※本書の正誤に関するご質問以外にはお答えできません。また受検指導などは行っておりません。
※ご質問の到着確認後、10日前後に回答を普通郵便またはファクシミリで発送いたします。
※ご質問の受付期間は、各試験日の10日前必着とさせていただきます。ご了承ください。

1回で合格！QC検定2級 テキスト&問題集
2017年10月10日発行

著　者	高山　均
発行者	深見公子
発行所	成美堂出版
	〒162-8445　東京都新宿区新小川町1-7
	電話(03)5206-8151　FAX(03)5206-8159
印　刷	株式会社フクイン

©Takayama Hitoshi 2016　PRINTED IN JAPAN
ISBN978-4-415-22131-1
落丁・乱丁などの不良本はお取り替えします
定価はカバーに表示してあります

・本書および本書の付属物を無断で複写、複製（コピー）、引用することは著作権法上での例外を除き禁じられています。また代行業者等の第三者に依頼してスキャンやデジタル化することは、たとえ個人や家庭内の利用であっても一切認められておりません。